河川環境の保全と復元

河川環境の保全と復元
多自然型川づくりの実際

島谷 幸宏 著
信原 修 撮影

鹿島出版会

はじめに

　流水と土砂の相互作用によって河川微地形は形成され，そこを生息の場として多くの生物が生息している。そしてその微地形は洪水という大きなエネルギーにより絶えず変化している。河川の生き物はそのような川の動的な仕組みに適応し，進化してきた。一方，稲作を中心として発展してきたわが国において，河川をどのように利用し，どのようにコントロールするかということは，有史以来の課題であった。したがって，営々として続いてきた人間の営みにより河川の自然環境も大きな影響を受けてきた。特に戦後の高度成長期の開発はめざましく，ここ数十年の間に河川を取り巻く環境も大きく変化し，河川の姿も変化してきた。河川の自然環境を捉える場合には，自然の仕組みを理解するのと同時に，歴史的な観点から人間の河川に対する働きかけとそれに対する河川の応答を理解する必要がある。

　このように，河川における自然条件や人間との関わりの歴史は，それぞれの河川で異なっている。したがって，一つとして同じ川はなく，それが川の個性となっている。河川環境の保全・復元を図る際には，川の個性をよく見極めて，その川にふさわしい環境を保全・復元する必要がある。それぞれの特性を尊重することによって川の個性は保たれ，日本の国土全体でみると様々な河川が存在し，川の自然環境が多様になっている。そのような「多」としての多自然型川づくりを望みたい。本書は自然環境を中心に述べているが，河川整備の基本は，川の自然的な特徴と人文的な特徴を理解した上での治水，利水，自然環境，文化などのバランスの取れた姿を目指すことにある。自然環境に力点を置いたのは，これ以外の項目はすべて人間中心の価値観から生じているものであり，自然環境のみが生き物を対象としており，それはどうしてもなおざりにされがちである。川は人間以外の生物にとってもかけがえのない住み家であり，そのことを尊重していきたいと考えるからである。

　本書は，河川の自然環境を保全・復元したいと考えている現場の河川技術者，市民グループあるいは学生を対象に，河川の自然環境を保全・復元する際の基本的な考え方および参考となる事例について取りまとめたものである。少し専門的な事項についてはコラムとして詳しくまとめたので参考にしていただきたい。また，本書の最終章に中村良夫先生との対談を掲載することができた。中村先生はデザイン論を基軸としながら，河川の自然環境の保全・復元への取組み（多自然型川づくり）を技術論，文明論へと導いてくださった。本書の前半で言い尽くせなかったところを奥深く表

現できたように思う．多自然という言葉が批判されることもあるが，その言葉についての筆者の考え方を対談の中で触れたので一読していただきたい．

　本書の事例は，財団法人リバーフロント整備センターが発刊している月刊誌『フロント』に平成7年4月から平成10年3月までの3年間にわたって連載(35回)した記事に加筆したものである．書籍にするにあたり，この連載を読み返してみたが，それぞれの事例に個性があり，今なお新鮮である．現地で案内していただいた方々の熱心な顔が思い出される．時代の移り変わりの激しい今日，私たちに多くのことを教えてくれるこれらの事例は，河川技術の伝統とわが国の職人的な技術の奥深さを感じることができ，現場の技術者や川に関心のある市民の方々に勇気と知恵を与えてくれるものと思う．どの事例にも欠点はあるが，何かを学びとることが重要であって，批判したり，完全なものを求めることが目的ではないことを理解していただきたい．

　さて，河川の自然環境の保全・復元への取組みは，技術者にとっても，川のそばで生活する住民にとっても，とても面白い技術である．人の生き方と生き物の関わり方，科学技術の進み方，技術論としての考え方，意思決定の仕方など，様々な点において新たな問いかけを持っている．今後の日本の進み方を問う，奥深い技術である．そのようなことが理解され，次世代あるいは次次世代へ，また川に住む多くの生物に対しても良い川が伝えられていくことを心から望むものである．そして，川と付き合うときには楽しんで，川に入って生き物に触れて欲しい．どういう場所に生き物がいるのか，最近それらがどんなに減ってきているかなどを実感して欲しい．

　本書を執筆するにあたり多くの方にお世話になりました．まず，月刊誌『フロント』に連載する機会を与えていただいた渡部義信さん(当時：建設省河川局治水課流域治水調整官)，『フロント』を発刊し，事例の選定や企画に協力いただいた財団法人リバーフロント整備センターの関係者の方々，毎回執筆の遅い私を催促し，文章に様々な指摘をしていただいた山畑さんをはじめとするフロント編集部(プラスエム)の皆さん，現場に交代で付き合ってくれた土木研究所河川環境研究室の皆さん，そしてなにより，突然訪れ，ぶしつけな質問や資料の請求，現地の案内をお願いした現場の方々，本書を完成させるために様々な労をとっていただいた鹿島出版会の橋口さん，本当にありがとうございました．最後になりましたが，対談を引き受けていただきました中村良夫先生，美しい写真により私の拙文を補ってくださいました写真家の信原修さんにはお世話になり，心より感謝いたします．

2000年1月

島谷　幸宏

目　次

はじめに

1 章　近年の河川環境の変化と河川整備 ···2
　　1.1　都市化に伴う諸問題の発生 ···2
　　1.2　都市河川改修と親水・景観整備 ···4
　　1.3　河川の自然環境の変化 ··7
　　　　(1) 上流域
　　　　(2) 中流域
　　　　(3) 下流域
　　1.4　自然環境の保全・復元へ ···9

2 章　河川の自然環境の保全・復元目標はどうとるべきか ·················11
　　2.1　自然環境が良い河川は保全が基本 ··11
　　2.2　復元は復元目標をしっかりとする ···11

3 章　保全・復元を図る前に知っておくべき基本的事項 ······················14
　　3.1　河川の自然環境の保全・復元時の河川生態系の捉え方 ······14
　　　　(1) エネルギー源
　　　　(2) 流量
　　　　(3) 土砂
　　　　(4) 水質
　　　　(5) ハビタット
　　3.2　人間はどのようなインパクトを与えているか ····························24

4 章　保全・復元の際の基本的考え方 ··35
　　　　(1) 治水の事をしっかりと考えよう
　　　　(2) 現況の環境を歴史的経緯を含めよく把握しよう
　　　　(3) 目標をしっかり考えよう
　　　　(4) 保全・復元対象をスケールとともにしっかり捉えよう
　　　　(5) 変動する事を前提に，変動を許容しよう
　　　　(6) 自然の力にゆだねよう
　　　　(7) そこに住んでいる生物のことをよく知ろう

5 章　多自然型川づくりの事例 ···43
　　事例-01　八東川（鳥取県）···46
　　事例-02　精進川（北海道）···50
　　事例-03　いたち川（神奈川県）···54
　　事例-04　加納川（愛知県）···58
　　事例-05　土生川（高知県）···62
　　事例-06　高橋川，仁助川（富山県）···66

事例-07	姿川 (栃木県)	70
事例-08	宇曽ノ木川 (鹿児島県)	74
事例-09	浅畑川 (静岡県)	78
事例-10	高良川 (福岡県)	82
事例-11	高津川 (島根県)	86
事例-12	緑川 (熊本県)	90
事例-13	霞ケ浦 (茨城県)	94
事例-14	四万十川 (高知県)	98
事例-15	北上川 (宮城県)	102
事例-16	佐波川 (山口県)	106
事例-17	旧吉野川 (福島県)	110
事例-18	遠賀川 (福岡県)	114
事例-19	子吉川 (秋田県)	118
事例-20	多摩川 (東京都)	122
事例-21	淀川 (大阪府)	126
事例-22	貫川 (福岡県)	130
事例-23	小田川 (愛知県)	134
事例-24	長良川 (岐阜県)	138
事例-25	釧路川 (北海道)	142
事例-26	建屋川 (兵庫県)	146
事例-27	石狩川 (北海道)	150
事例-28	粕川 (群馬県)	154
事例-29	梓川 (長野県)	158
事例-30	矢作川 (愛知県)	162
事例-31	千曲川 (長野県)	166
事例-32	荒川 (埼玉県)	170
事例-33	引地川 (神奈川県)	174
事例-34	太田川 (広島県)	178
事例-35	奥入瀬川 (青森県)	182

対談　川のことは川に習え ……186
　　中村良夫 & 島谷幸宏

[コラム1]　保全・復元目標の様々な考え方 ……12
[コラム2]　ハビタットの分類 ……19
[コラム3]　瀬と淵について ……22
[コラム4]　インパクトの例：中小河川改修によるハビタットの質の変化 ……26
[コラム5]　扇状地の動的システムの変化 ……30
[コラム6]　治水計画と自然環境保全の例 (境川) ……39
[コラム7]　治水計画と自然環境保全の例 (北川) ……40

[付録-1]　自然に関する用語の定義 ……196
[付録-2]　本書で用いた河川の断面の名称 ……198

1章 近年の河川環境の変化と河川整備

2章 河川の自然環境の保全・復元目標はどうとるべきか

3章 保全・復元を図る前に知っておくべき基本的事項

4章 保全・復元の際の基本的考え方

5章 多自然型川づくりの事例

1章 近年の河川環境の変化と河川整備

　本章では，近年の河川環境の変化について概観し，河川の自然環境の保全・復元がどのような背景のもとで生まれてきたのかを述べる。

　戦後，国土の荒廃のもと大きな水害が頻発し，戦後復興，治水中心の河川改修が進められた。昭和30年代に入り，わが国は高度成長期を迎え，流域の都市化，産業の発達，圃場整備などにより，都市型水害の発生，水質悪化，河道の変化，河川景観の変化，河川環境への影響等，さまざまな現象や問題が生じた。これらを少し詳しくみてみよう。

1.1　都市化に伴う諸問題の発生

　戦後の都市への人口集中により，流域の池や湿地などの保水域は埋め立てられ，また，住宅や道路の建設などによって雨が浸透する面積は減少した。そのため，降雨は短時間で河川まで到達し，保水域・浸透域の減少で流出量は増大し，その結果，昭和30年代になると，新しい形の都市水害といわれる洪水が頻発するようになった。

　都市の中小河川では，流域の都市化による土地利用の変化によって水循環システムは大きく変化する。保水域・浸透域の減少，流出率の増大，地下浸透量の減少，湿地の減少などが生じ，その結果として河川平常時流量の減少，湧水の減少，流域間の水域の分断化などが現れ，それらの環境に依存している生物が影響を受ける。図1-1は千葉県海老川の都市化に伴う水循環の変化の様子を示している。昭和20年代には，林や農地が多いため降雨は地下へ浸透し，平常時の地下から河川への流出は降雨量の19%である。一方，現在では貯留や浸透が少なくなったため，地下水流出は13%と少なくなっている。このまま何もしなければ，都市化が進む21世紀中頃には，宅地開発が進み，降雨の浸透量が減少し，表面流出量（カッコ書きで示した数字）はさらに増加すると予想される。また，河川へ流れ出る地下水の量も6%と大きく減少し，平常時の川の水量は減少することになる。このように都市化によって都市の水循環は大きく変化する。ちなみに海老川流域では，図中の下段に示したような水循環を昔に戻そうという試みが始まっている。

　さて，歴史的な経過に戻ってみよう。1958(昭和33)年9月の狩野川台風において，東京・横浜の山の手を中心に水害が発生した。いわゆる都市水害の発生である。都市水害という言葉はこの時に初めて用いられた。先に見た，流出現象の変化によって

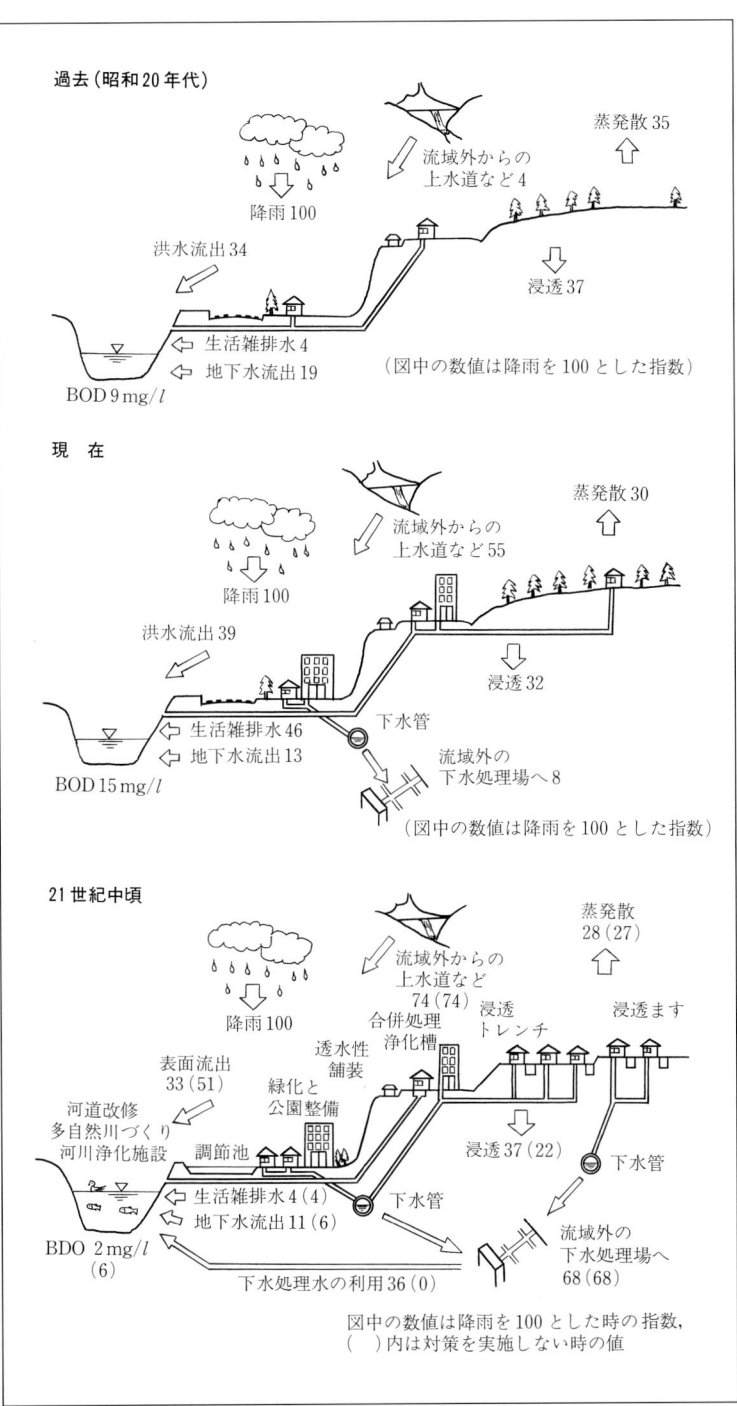

図1-1 海老川の都市化に伴う水循環の変化と再生構想(千葉県資料)

新たなタイプの水害が起こったのである。この都市水害にすみやかに対応するために，いわゆる三面張り護岸やかみそり堤防と呼ばれる緊急的な流下能力優先の河川整備が進められるこことなった。

また時を同じくして，都市化による人口集中に伴う家庭雑排水の増加や産業の発達による工業排水の増加により水質負荷が増大した。1957(昭和32)年には，わが国における河川事業として初めて隅田川において汚泥浚渫が行われた。1958(昭和33)年には本州製紙江戸川工場の紛争が生じ，これを契機に公共用水域の水質悪化が社会問題化した。これを受け1967(昭和42)年には，公害対策基本法が成立した。

さらに，都市開発，農地開発，河川改修などにより，氾濫原の開発は進み，湿地や自然の池沼の面積は減少した。かつて，日本の風景は「豊葦原瑞穂の国」と呼ばれたように，湿地帯が多く存在していた。このような氾濫原は洪水時に河川と連絡することにより魚類の産卵場となるなど，生物の生息環境の一部を提供し，また，平常時は湿地帯として，湿性植物の立地を提供するなど，多様な自然環境を生物に提供し，生物多様性の保持に大きく寄与していた。したがって，氾濫原的環境を減少させてきた歴史は，その地域の生態系を変えてきた歴史でもあったといえる。

1.2 都市河川改修と親水・景観整備

次に，これらのさまざまな環境変化にどのように対応してきたかを見てみる。都市水害に対処するため，流下能力を増大させることを主目的とした河川整備が進められた。特に都市域では直立の護岸，コンクリートで覆われたいわゆる三面張りの川が整備されていった。このような河川形状の変化と水質の悪化によって，河川と人との関係は疎遠となっていった。一方，河川の専門家のなかからは，川と人の関係が希薄になることに対する危機感が表明されるようになっていた。このような状況のなかで「親水」という言葉が生まれた。「親水」という言葉は今日広く使われるようになったが，土木学会から生まれたことはあまり知られていない。東京都の職員であった西沢賢二，山本弥四郎両氏が1970(昭和45)年，第25回土木学会全国大会で「都市河川の基本思想に関する一研究」と題する発表の中で「親水」という言葉を使ったのが最初である。その後，山本弥四郎氏らは親水機能の概念を確立し，1974(昭和49)年，親水公園第1号として，東京都江戸川区に全長1.2kmの古川親水公園を完成させた(写真1-1)。堆積したヘドロを除去し，川幅を8mから2～4mに縮小し，川底や護岸には玉石が敷き詰められた。使用開始後泳ぎ出す子供もいたので，浄化施設が設置された。地元には「愛する会」が誕生し，水辺が地域の大きな財産として生まれ変わった。古川親水公園の成功により，江戸川区では20河川以上に及ぶ親水計画が次々と行われていった。また，1976(昭和51)年には岡山の西川緑道，1978(昭和53)年には柳川堀割再生など種々の試みがなされた。さらにこれらが発達した形とし

て，河川プール(1979年山口県大原川河川プールなど)や大河川高水敷上のせせらぎ水路(山形県馬見ケ崎川など)などのいわゆる親水整備が全国各地で行われた。これらの事例のなかでの秀作は宮崎県大淀川(建設省所管)につくられた砂洲上の河川プールである(写真1-2)。広々とした空間の中に，砂洲の形状を活かしたプールが設けられ，現在でも多くの市民に利用されている。

写真1-1 古川親水公園

写真1-2 大淀川河川プール

「親水」という言葉が生まれたのと時を同じくして，1964(昭和39)年，東京オリンピックが開催された。東京オリンピックにおいて日本人の体力が劣っていると感じた政府は，日本人の体力増進のため，河川敷の開放を行うことにした。1965(昭和40)年，「河川敷地占有許可準則」が全国に通達され，1966(昭和41)年，多摩川，荒川，江戸川について河川敷開放計画が策定された。1972(昭和47)年，淀川には国営河川公園がオープンし，次々と河川敷が開放され，多くの人に利用されるようになった。

また，治水と環境とを同時に満たすため，各地で葛藤が繰り返された。その代表例として，宇都宮市釜川，長崎市中島川の事例を見てみたい。釜川は宇都宮市内を流下する都市河川で，狭小な空間を有効利用するため，洪水を下層で処理し，環境のための河川が上層に整備された。また長崎では1982(昭和57)年に死者・行方不明者299人を出すという大水害が発生した。長崎市内を貫流する中島川沿いも大きな被害を受けた。国の重要文化財である眼鏡橋と市の指定文化財の石橋群も流出あるいは破壊され大きな被害を受けた。河川改修にあたりこれらの石橋群をどのように取り扱うのかについて厳しいやり取りがなされた。その結果，眼鏡橋は両岸にバイパス放水路を設けて現地保存を，他の石橋群は架け替えられることになった。

都市化による河川改修により，河川景観の悪化も指摘されるようになった。ちょうどこの時期に，土木工学のなかに景観工学が誕生する。景観の専門家が河川自体の景観デザインに本格的に携わるのは，広島市太田川(建設省中国地方建設局)の基町護岸が最初であり，昭和50年代になってからである。堤防高5m，計画流量

1.2 都市河川改修と親水・景観整備 —— 5

1,920m³/sの流下断面の確保,堤防法線は現在の河岸線から大幅な変更は行わない,河岸強度は保持するなどの制約条件のなかで,1977(昭和52)年に基本設計が行われ(当時 東京工業大学,現 京都大学・中村良夫教授),1979(昭和54)年に一部が竣工した。親水的に見えることが重要であるという親水象徴性を表現した階段水制工のデザインが特徴である(写真1-3)。当時としてはかなり思い切った試みであった。完成後には多くのパンフレットやポスターに用いられ,景観デザインの重要性を広く世間に示した記念碑的な事業である。

その後,1984(昭和59)年から1986(昭和61)年の東京都野川,多摩川兵庫島地区(建設省京浜工事事務所,岡田一天氏設計),1992(平成4)年から1994(平成6)年の島

写真1-3 太田川

表1-1 河川整備の変遷

1936(昭和11年)	京都鴨川改修
1941(昭和16年)	鴨川と高野川の合流点を葵公園と指定
1957(昭和32年)	隅田川浚渫開始
1958(昭和33年)	本州製紙江戸川工場の紛争 狩野川台風による東京と横浜の河川氾濫。都市水害の発生
1964(昭和39年)	東京オリンピック開催
1965(昭和40年)	河川敷の「国民広場」設置の通達(体力づくり関係閣僚協議会)
1966(昭和41年)	河川敷第一次開放計画
1970(昭和45年)	「親水」という言葉が初めて用いられる
1972(昭和47年)	国営淀川公園が開園
1974(昭和49年)	親水公園第一号として古川親水公園(東京)が完成 一ノ坂川(山口)ホタル護岸完成
1975(昭和50年)	小松川境川親水公園が完成 鹿児島で初めての魚巣ブロックが使われる
1976(昭和51年)	西川緑道(岡山)が開園
1978(昭和53年)	柳川堀割(福岡)に着手
1979(昭和54年)	太田川基町護岸(広島)一部竣工 大原川(山口)河川プール完成
1982(昭和57年)	いたち川改修(横浜市)一部竣工 河川審議会が「河川環境のあり方」を答申 中島川(長崎)大水害
1984(昭和59年)	多摩川支川野川護岸(東京)一部竣工 早稲田コミュニティ水路(岐阜)完成
1985(昭和60年)	スーパー堤防事業設立
1987(昭和62年)	釜川二層河川(栃木)一部竣工 ふるさとの川モデル事業
1990(平成2年)	多自然型川づくりの推進
1992(平成4年)	茂漁川(北海道)多自然型川づくり
1997(平成9年)	河川法改正。河川環境の整備と保全が河川管理の目的に加えられる 環境影響評価法制定

根県津和野川(島根県施工, 岡田一天氏設計)など, 数は少ないが景観の専門家による事例が積み重ねられている(表1-1参照)。

1.3 河川の自然環境の変化

それでは, この間, 河川の自然環境はどのように変化してきたのだろうか？

戦後の高度成長, 急速な都市化による洪水の勃発と被害の増大, それに対する河川改修, 農地における圃場整備, 建築用あるいは土木用の骨材としての河床材料の大量掘削, 水資源の確保あるいは洪水防御のためのダム建設, 流域の都市化などさまざまな国土の変貌に対応して, 河川の自然環境も大きく変化してきた。これらの人為的インパクトは人間の生活上の必要から実施されてきたものであり, これらの環境変化はその結果として生じてきたものである。環境への影響があるからといってこれらの事業はすべて否定されるべきではない。人々の生活は, これらの事業があって初めて成り立っている部分も多いからである。事業の評価自体は, 事業の効用と環境への影響をさまざまな観点から比較し行われるべきである。しかしながら, これらの環境インパクトが自然環境にどのような影響を与えているのかを概観しておくことは重要である。これらのインパクト-レスポンスの関係を冷静に受け止め, 対処する必要がある。ここで述べることはあくまで一般論であり, 個別の事例には必ずしも当てはまらないことに留意する必要がある。環境問題は個別性が強く, 本来は個々の事例について綿密に見る必要がある。

(1) 上流域

上流域における環境インパクトとしては, 治山事業, 砂防事業, ダム事業, 道路事業, 森林の改変などがあげられる。

まず砂防事業, 治山事業, 道路事業などによる, 渓畔林の伐採があげられる。渓畔林が渓流生態系に果たす役割は大きく, 渓畔林からの落ち葉や落下昆虫は渓流生態系のエネルギーフローの大部分を供給している。また, 渓畔林の陰は水温の上昇を防ぐとともに, 魚類等に隠れ場を供給している。渓畔林の伐採は, 水温の上昇や餌の減少を招き, 渓流生態系に影響を与える[1]。

上流域に建設されることが多いダムのインパクトを考えてみる。ダムによるインパクトとしては直接改変によるインパクトおよび貯水池が運用されることによる間接的なインパクトがあげられる。直接改変としては生息生育地の消失, 新たなダム湖の出現, 上下流の分断などの影響があげられる。間接的な影響としては, 水温の変化, 濁水の長期化, 流量の安定化, 土砂移動量の変化などがあげられる。これらの生物への影響については, ヤマメ等の産卵場の減少, 付着藻類の質の変化, 河道内の樹林化などがあるといわれているが, これらの因果関係や定量的な関係については科学的な研究が不足しており, 十分解明されていない。

(2) 中流域

中流域では，河床低下，河道の固定化，流域の都市化，圃場整備などの影響によりさまざまな影響が出ている。これらの変化に伴って，生物もさまざまな影響を受けている。魚類の減少について都市化が最も進んだ東京の例を見ると，在来のタナゴ類，トゲウオ類が絶滅し，メダカ，ギバチなどが減少している。タナゴ類は流れの遅いところに住み二枚貝に産卵する。また，トゲウオ類やホトケドジョウは湧水域が必要である。全国的にみても，タナゴ，トゲウオ，ドジョウ等が減少しており，状況は類似していると考えられる。また植物においては，氾濫原や河原に依存するフジバカマ，サクラソウ，カワラノギクなど，水による撹乱に依存した植物が減少している[2]。これらの生物への影響は水質の悪化や流量の安定化など水環境の変化の影響も受けていると思われるが，空間に着目すると，以下のような環境が失われてきたと考えられる。

(a) 氾濫原の変化

都市化によって多くの氾濫原(後背湿地)が失われてきている。また，ワンドや旧流路などの河道内の氾濫原的性質をもった場所(後背水域)も減少してきている。ドジョウ，タナゴなどにとって，このような氾濫原は産卵や生息場として極めて重要である。急激な都市化が進む前，氾濫原のかわりを果たしてきたのが水田であるが，ここも圃場整備により川との連絡性が断たれ，川とのつながりをなくしかけ氾濫原としての性格を失いつつある。

(b) 低流速域や淵の減少

河川改修により低水路の固定や河道整正により，河岸域の植物帯や淀みなどの低流速域が減少してきている[3]。このような低流速域は，ここをハビタット(生息場)とする魚類や稚魚の住みかとして極めて重要である。また河道の直線化や拡幅に伴って，河道内の水深の深い場所すなわち淵が減少している。

(c) 湧水

ホトケドジョウ，トゲウオ等の湧水をハビタットとする魚が減少している。都市化による非浸透域の増大による地下水位の減少や護岸が原因である。

(d) 生息域の分断化

河床の切り下げ，圃場整備などにより，本川と支川，支川と水路，支川や水路と湿地や田んぼなどの横断方向の連続性や横断工作物による縦断方向の連続性が失われ，魚類などが影響を受けていると考えられている。

(e) 河原の変化

山地部から平野に河川が出ると流速が低減し，大量の土砂を落とし扇状地が発達する。扇状地部の河川には大量の砂礫が堆積し河原が発達する。河原は他の森林や湖沼などには見られない河川固有の環境である。そこには乾燥と出水に耐える河原

固有の生物が生息，立地している。河原植物は洪水による撹乱によって形成される砂礫地の遷移初期の段階でのみ生育が可能で，それ以外の安定的な立地環境では生育できない。しかしながら，河川を安定化することを主眼として行われてきた治水事業，利水事業および高度成長期の大量の砂利採取等による流量の安定化や河床低下により，現在，河原は減少する傾向にあり，これに伴い，河原を生育環境とする植物の減少が報告されている[4]。

(3) 下流域

海の影響を受ける下流域における，環境インパクトは河床低下による塩水遡上，河口域の都市あるいは工業，港湾開発による塩生湿地や干潟の直接改良，流下能力増大のための河道の整正や浚渫，干潟の減少，河口堰の建設などがあげられる。河口域は河川に生息する魚類や甲殻類の稚魚の生息地や産卵場となっており，河口域の環境変化の影響は河口域のみへの影響に留まらない。

河床低下による塩水の遡上は，アユなどの産卵場となっている汽水域直上流の瀬の減少につながっている場合がある。塩生湿地や干潟の減少はそれらを生息場とする動植物の生息，生育地の減少につながる。河口堰などの感潮域の横断工作物は，潮汐の変動を変化させるため，水質の変化，底質の変化などを起こす場合がある。

1.4　自然環境の保全・復元へ

以上のようなさまざまな環境変化へ対応するために，河川の自然環境保全・復元の取り組みがなされている。1990(平成2)年から建設省において多自然型川づくりが始められた。これまでの環境整備事業は環境とはいっても，人間を主体とした事業であったのに対し，人間以外の生物を主体とした自然環境の保全・復元のための事業が始められたのである。多自然型川づくりが始まる前にも山口の一ノ坂川(写真1-4)や横浜のいたち川などで先進的な試みがなされたが，多自然型川づくりにより全国でさまざまな試みが始まった。

写真1-4　一ノ坂川

1997(平成9)年には河川法が改正され，河川環境の整備と保全が河川管理の目的の中に明記された。また同年，環境影響評価法(環境アセスメント法)が制定され，1999(平成11)年にはアセスメント法が施行された。その中で河川の自然環境に対する見方も，多自然型川づくりが始まった当初に比べより深化してきている。

　このように河川の環境変化に対応し，水質改善，親水整備，景観整備そして自然環境の保全・復元などさまざまな取り組みがなされてきた。今後は，以上のような環境対策が複合的に行われていくものと思われるが，自然環境の保全・復元に対する要望はさらに増加するものと考えられる。人間中心の整備とは根本的にものの考え方や技術手法が異なる自然環境の保全・復元の技術について次章以降，述べていきたい。

引用・参考文献

1) 中村太士：河畔林における森林と河川の相互作用，日本生態学会誌 45, pp.295-300, 1995.
2) 鷲谷いづみ：生物保全の生態学，共立出版株式会社，1999.
3) 島谷幸宏・小栗幸雄・萱場祐一：中小河川改修前後の生物生息空間と魚類相の変化，水工学論文集，第38巻，pp.337-344, 1994.
4) 倉本宣：多摩川におけるカワラノギクの保全生物学的研究，東京大学大学院緑地学研究室緑地学研究15, 1995.

2章 河川の自然環境の保全・復元目標はどうとるべきか

　本章では河川の自然環境を保全・復元しようとする際に重要な，保全・復元目標について考えてみたい。まず，現状の自然環境が良好な河川を治水目的で河川改修しようとする場合と，すでに環境が悪くなった川の自然復元とは分けて考える必要があるので，それについて述べ，最後に保全・復元に関する考え方についてレビューしてみる。

2.1　自然環境が良い河川は保全が基本

　現在の自然環境が良い河川では「良いところをなるべく保全する，どうしても手をつけなくてはいけないところは，なるべく元の環境になるように工夫する」ということが基本になる。それでは良いところとはどういうところなのだろうか？
　保全の優先度が高いところを比較級の形で整理すると，以下のとおりである。
① 川に依存したものは，川以外に依存しているものより保全の優先度は高い（河川の中に樹木が繁茂しており，樹木を切る必要があるとき，杉や松などの樹木より，ハンノキなど河川に依存している樹木の方が保全の優先度は高い）。
② その川固有のものは，他の川にあるものより保全の優先度は高い。
③ 復元が困難なものの方が復元が簡単なものより保全の優先度は高い。
④ 生態的機能が高いものの方が低いものより保全の優先度が高い。
⑤ 多様性に影響を与えるもの（希少なもの）の方が優先度は高い。

　また，どうしても手をつけなくてはならないときは，次に述べる復元と同じ考え方となる。その場合の復元目標は，もともとその河川にある環境あるいは生育・生息している生物・生物群集となる。

2.2　復元は復元目標をしっかりとする

　復元の目標の取り方は，さまざまなものがあると考えられるが，以下のような目標設定が一般的である。
① 昔の河川を目標にする

② 近傍の人為的影響の少ない他の川を目標にする
③ 上下流の人為的影響の少ないところを目標にする

　以上のような目標設定は非常にわかりやすいが，総合的であり，復元の具体性には欠けるため，実際には目標とした河川像から具体的な復元目標の設定が必要になる。

　具体的な目標としては，基本的には三つの目標設定が考えられる。一つは生物あるいは生物群集を目標とする場合，もう一つは生物の生育・生息空間を目標とする場合，最後は流量変動，水循環，土砂循環，塩分濃度など生育・生息空間の機能を成立させる環境を復元目標とする場合である。

　いくつかの復元目標の例をあげてみよう。

[例1] 昔のようにサツキマスなどの魚類が河口から70km付近まで遡上することを復元目標とする（事例-34：太田川）。

[例2] 食物連鎖の頂点に立つサシバの生息を支える生物群集を復元目標とする（事例-32：荒川）。

[例3] 昔の川の姿を復元目標にする（事例-11：高津川では淵，事例-1：八東川では河道を目標）。

[例4] 昔と同じような大きな瀬と淵を復元することは困難であるが，規模は若干小さいが瀬と淵が自立的にできて維持されるシステムを復元目標とする。

[例5] 河原が減少してきたので，20年前の河原面積を復元目標とする（コラム5参照）。

[例6] 都市化して平常時の流量が減ってきたので30年前の水循環，特に地下浸透量に戻すことを復元目標とする（千葉県海老川，図1-1参照）。

[例7] 現在より冠水頻度が高かったときの河畔林の林内構造を復元目標とする（事例-30：矢作川）。

[コラム1]　保全・復元目標のさまざまな考え方[1]

　近年，さまざまな学識者から河川の自然環境の保全・復元目標について，さまざまな考え方が提案されているので，それらをレビューしてみよう。

　奥田[2]は，河川空間の多様性を高めるためには，生物的に評価の高い地区を選定し，その保全対策を講じ，人工化により単調化した地形では変化に富んだ生物の生育環境の創出が早道であるとし，創出にあたっては目的とする生物をあまり限定せず河川の営みにゆだねる方が良いとしている。

　桜井[3]は，生育生息環境の復元にあたっては重要種を取り上げて個別的あるいは局所的に考えるのではなく，住み場の仕組みを体系的に捉える必要があるとしている。

森[4]は，河川改修計画の中で何を選択するのかは，例えば生物がその河川の水理条件下で繁殖し摂食して，世代交代が維持できるような環境設定を目標として行われるといいとし，また，とりあえず少し前(高度成長期前)を背景としつつ自然環境を現在の生活域にいかに取り込めるかを問題にするとしている。

　玉井[5]は大規模河川復元工事の主要な目的は，①自然の撹乱と更新，②縦・横方向の連続性，③河川形態の多様性に着目し，これらの要素に関する現在の水準を向上させることとしている。

　辻本[6]は，ダム等の大規模，急激なインパクトが与えられなかった場合から現況を推定し「現時点での潜在自然河相」を目標にするという考え方を提案している。

　フランスのBravard et al[7]は，欧州では1950年代よりも前の状態を基準とするのが実際的で，それよりも前の状態を基準とするときには19世紀から20世紀の人為撹乱前の状態を理解し，復元することを意味するとして，河川復元の目標を全く人間の手が入っていない無垢の状態に置くことはできないとしている。

　アメリカのNational Research Council[8]は，沖積地エコシステムの基本は物理的システムの動的平衡であり，それゆえ目標は河道や堤防の安定ではなく，河川の動的平衡の復元であるべきであると述べている。そして四つのゴールを示している。自然の土砂の流れや流量のパターンの復元(restoration)，自然の河道の復元，自然の河畔植生の復元，地域固有の動植物の復元である。

　これらの意見は少しずつ異なるが，共通性は高い。共通点は，①全く人為が入っていない状況ではなく大きなインパクトがある前の状況を目標とする(高度成長期前，1950年代以前，ダムなどの大規模インパクト以前と少しずつ異なる)。②撹乱などを含めた，生息環境が保たれるシステムを保全する。

引用・参考文献

1) 島谷幸宏：河川管理における自然環境の保全についての基本的考え方，応用生態工学2(1)，pp.47-50，1999.
2) 奥田重俊：日本における氾濫原植生の特性，河原の自然復元に関する国際シンポジウム論文集，pp.109-115，1998.
3) 桜井善雄：河川における生息環境の保全・復元の基礎としてのビオトープ階層論的手法，河川の自然復元に関する国際シンポジウム論文集，pp.155-160，1998.
4) 森誠一：自然への配慮としての復元生態学と地域性，応用生態工学1(1)，pp.43-50，1998.
5) 玉井信行：河川の自然特性と潜在自然型河川改修の基礎体系について，河川の自然復元に関する国際シンポジウム論文集，pp.77-85，1998.
6) 辻本哲郎：河床低下による河川景観の変質とその回復－河川水理学的アプローチ－，河川の自然復元に関する国際シンポジウム論文集，pp.167-172，1998.
7) Bravard J. P., Landon N., & Piegay H.：Example of River Restoration in Braided Rivers of Europe，河川の自然復元に関する国際シンポジウム論文集，pp.61-70, 179-189，1998.
8) National Research Council：Restoration of Aquatic Ecosystems，Academy Press，pp.206-207，1992.

3章 保全・復元を図る前に知っておくべき基本的事項

3.1 河川の自然環境の保全・復元時の河川生態系の捉え方

図3-1に河川の自然環境を保全・復元する際の河川生態系の捉え方を，特に物理・化学的要素を中心に示した。

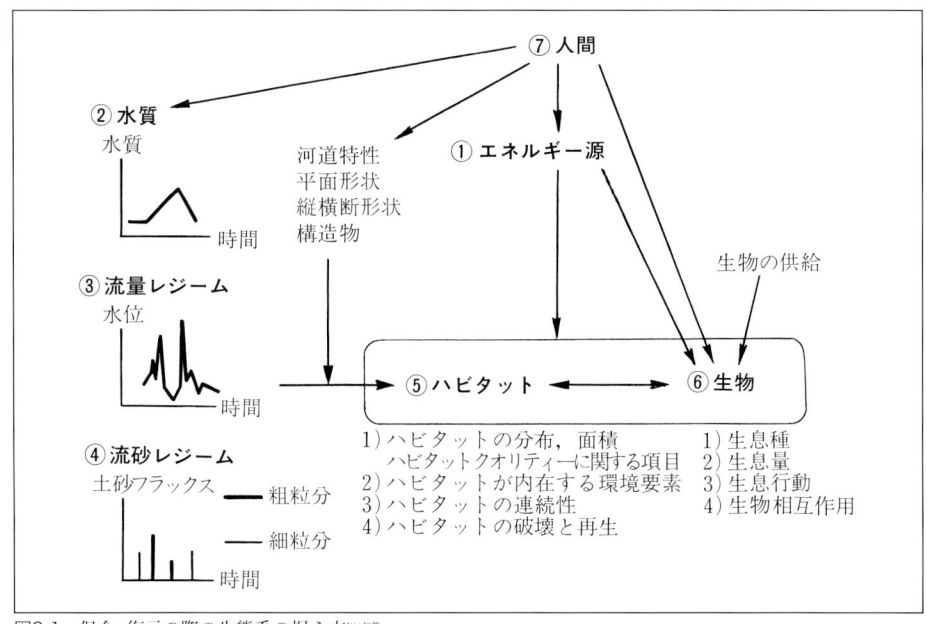

図3-1 保全・復元の際の生態系の捉え方[1]に加筆

(1) エネルギー源

図3-1に示す①は，その系に流入するエネルギーの量と質を示している。すべてのエネルギーの源は太陽からの光である。植物は光合成によって有機物を生成する。他の生物はこの有機物(エネルギー)を餌として利用して生きている。上流部ではそこで生産される藻類の量や落ち葉の量がエネルギーの流れにとって重要である。したがって，上流部における川沿いの林(渓畔林)の伐採はエネルギー量に大きな影響を与える[2]。人為的影響が少ない河川であっても中下流部では，上流から流下してく

るエネルギーの量はそこで生産されるエネルギー量に比べて圧倒的に多い。都市化が進み，川以外でつくられた有機物が河川に多く入ってくると，川の中で生産される有機物がエネルギーフローに占める割合はさらに減少する。エネルギーの流れを理解することは生態学にとって基本的に重要なことである。

(2) 流量

　河川は，流域に降った雨の流出する流路として形成されてきた。したがって，河川の自然環境にとって水の流れは基本的に重要である。山本[3]は日本の大河川の低水路の大きさや砂洲のスケールは年平均最大流量に対応しているとしている。年平均最大流量というのは，1年間に流れた流量の最大値の平均の流量で一般的には2,3年に1回程度の大きな流量である。年平均最大流量は，生物の生育生息環境と関連が深い微地形の形成にとって重要となる。

　河道の流下能力は，大河川では200年に1回あるいは100年に1回の規模の洪水時に，中小河川では30年に1回から5年に1回の規模の洪水時においても氾濫しないようにつくられる。このような洪水時の流量は，河道形状の設計に重要であると同時に，自然環境へのダメージ，撹乱にとっても重要である。

　また，渇水時の流量も重要となる。産卵期や移動の時期に水がなくなってしまうと，生物に壊滅的な打撃を与える可能性が出てくる。渇水時の流量の管理は河川の正常な機能を維持するための流量として定めることになっている。

　また，流量の変動も重要である。流量変動の程度によって河川の植物は分布を変えている。近年植物の生育条件と水理量の関係についていくつかの研究が見られるようになり，冠水頻度や洪水時の外力の強弱，堆積土砂の種類，地下水位，発芽時の出水の有無など，植物の生育条件の関係についての研究が行われるようになっている。

　湧き水が水源となったり，上流に湖がある河川では流量が安定しており，河床に水草が生えていることが多い(事例-35：奥入瀬川)。一方，流量が不安定で河床が常に動いている河川では生物は生息しにくい。また出水は，河川の自浄作用の維持や生物への撹乱にとっても重要である(事例-29：梓川)。撹乱についても近年急速に研究が進みつつある分野である。

(3) 土砂

　河川の微地形は，水の流れと土砂の相互作用によって形成されている。後で述べる瀬や淵なども河川の微地形の一つである。上流から流れてくる土砂は，地質によって大きく異なる。土砂の流出量が多ければ微地形の変動が大きく，少なければ変動は小さい。上流に山を持たない平地を水源とする川は土砂流出量が少なく，多自然型川づくりなどで最初につくった形が長い間保たれ，変形スピードは遅い。一方，土砂の流出源に近い川は，微地形の変化は早く，最初につくった形は維持しにくい

といえる。

　また，川の中の土砂分のうち，大きな材料は移動速度が遅く，砂のように小さな材料は移動速度が速い。したがって上流からの土砂供給が止まると細かい材料は下流に流れてしまい，大きな材料だけになってしまう。そうすると河床は大きな礫で覆われて，動きにくくなってしまう。このような現象は，河床が鎧に覆われたようになることからアーマコートと呼ばれている。

　また，流域の裸地や畑地からは，砂よりもっと細かい材料が流出してくる。このような材料は，流れが遅いところでは河床の上に堆積し，藻類の発達を阻害することがある。

　以上のように，土砂の流れは河川生態系に強く関連しており，河川の自然環境の保全にとって土砂管理はとても重要である。

(4) 水質

　河川の生物は，水質と密接な関係をもっている。河川空間の形状など物理的要素のみでは生物の生息は決まっていない。

　特に生物と関連が深い水質項目は，溶存酸素濃度(DO)，BOD，栄養塩類，濁度，塩分，水温，pH，金属イオン濃度，有害物質などである。

(5) ハビタット

　ハビタットは，生態学者によりさまざまに定義されるが，ここでは「形態的に一定のまとまりをもった場所のうち，生物が生活史の各段階(採餌，休息，産卵，羽化，蛹化，営巣，避難等)で利用する特定の場所」と定義する。ハビタットは対象となる生物によってそのサイズは異なり，一般に大きな体のものほど大きなハビタットを必要とする。

　生物のハビタットは，生物の生息場所を示す基本ユニットである。河川は流水と流砂の相互作用により河川微地形が形成され，生物の生息場すなわち多様なハビタットが形成される。ハビタットは河床形態や水の流れ，河岸形状などと関連が深い。瀬や淵，浮き石帯(石と石の間に砂や泥が詰まっておらず石が浮いたような状態になった河床)などは，水域の代表的なハビタットである。生物はその生活史の各段階で特定のハビタットを利用し，また必要に応じハビタット間の移動を行っている。したがってハビタットは，量および質とともに，その分布やつながりも重要である。

　また，河川におけるハビタットの特徴として最も重要かつ本質的であるのは，消長を繰り返すということである。つまり，河川におけるハビタットは洪水や土砂移動などによって常に変化しているということである。したがって，ハビタットを保全しようとする場合には，ハビタット自体の保全ばかりではなく，ハビタットが再びできるシステムの保全が重要となる。

　魚類あるいは鳥類を対象にした上流から下流に至る大まかなハビタット分類を以

下に示す。

① 渓谷部：河床形態が階段状あるいはシュート状になった渓谷部では瀬，淵，川幅が広くなった堆積部，倒木群および渓畔林などが重要なハビタットである。

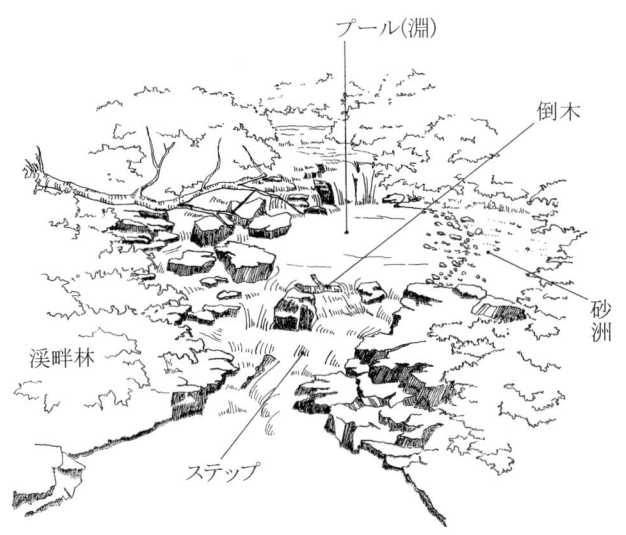

② 扇状地部：複数の澪筋(みおすじ)，瀬，淵，河原，ヤナギ林，後背水域（ワンドやタマリなどといわれる河道内の水域），湧水などが重要である。近年，全国的に河原の陸化が進み，河原の減少，河原の樹林化が進んでおり[4),5)]，河原に依存する生物が影響を受けている区域である[6)]。

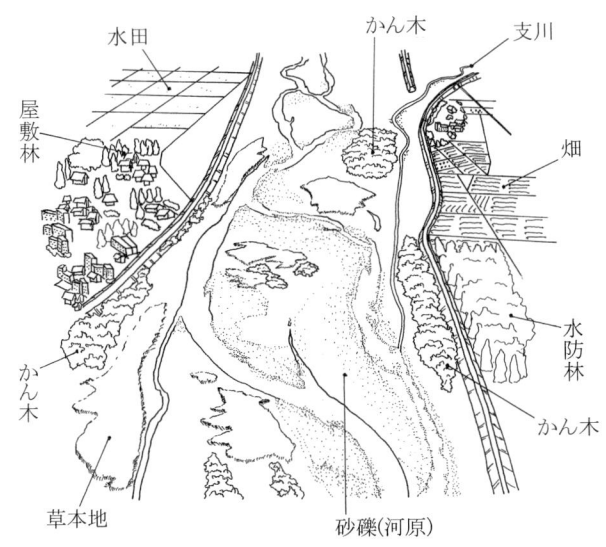

③ 自然堤防地帯：瀬，淵，砂洲，旧河道などの後背水域，後背湿地，ヤナギなどの樹林地などが重要なハビタットである。大部分の都市はこの区域に立地しており周辺環境の変化が著しい区域である。氾濫原的環境を代償していたと考えられる水田の構造変化の影響も大きく，氾濫原的環境は著しく減少しており，氾濫原に依存している生物が影響を受けている[7,8]。

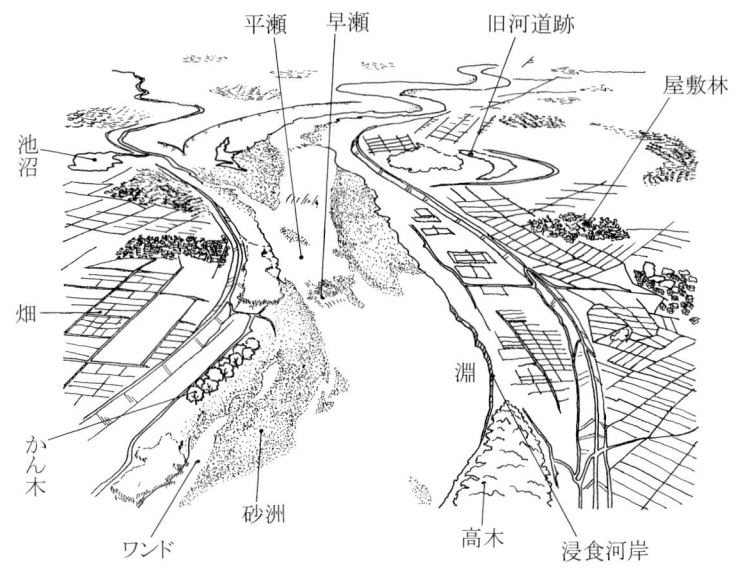

④ 河口域：ヨシ原，塩生湿地，干潟などが重要なハビタットである。これらのハビタットは河口域の港湾建設，都市開発，河川改修などにより全国的に近年減少している。

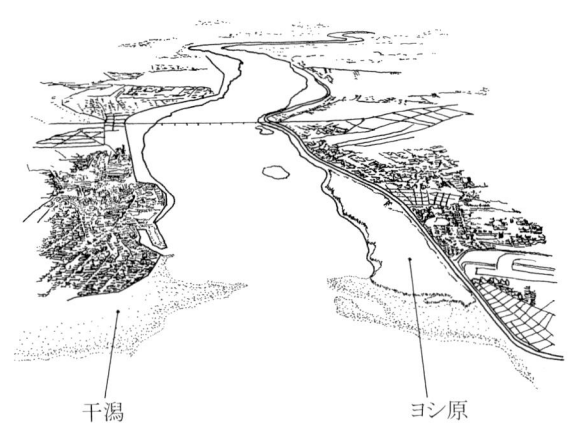

[コラム2] ハビタットの分類

　表3-1に萱場らが行った水域における魚類のハビタットの分類例[9]を示した。欧米においてもよく似た分類が行われている。図3-2および図3-3にフランスのRouxの水域の区分[11]を示した。(筆者が参考にしたのは，イギリスの旧NRA (National Rivers Authority，河川管理者) が中心になって野鳥保護協会 (The Royal Society for the Protection of Birds)，自然保護協会 (The Royal Society for Nature Conservation) が共同で作成した「河川と野生生物ハンドブック」(THE NEW RIVERS & WILDLIFE HANDBOOK) に掲載されていたものである)。これらは，わが国における分類とよく似ているが，水域から陸域へと秩序立てて区分されており，わかりやすい分類となっている。

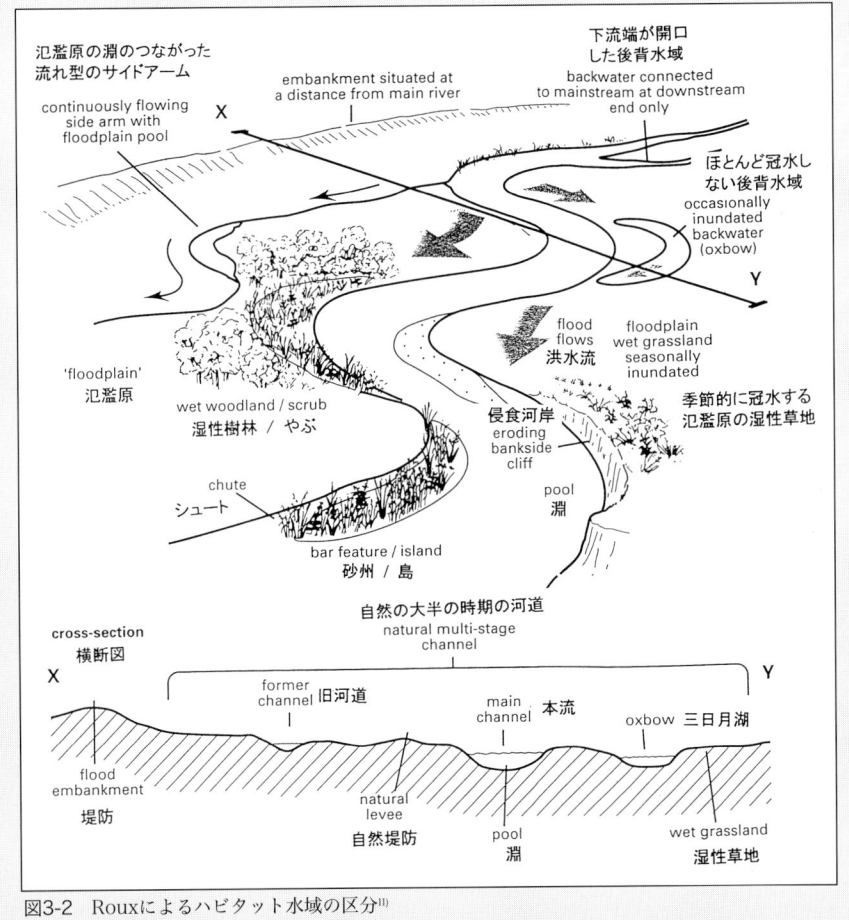

図3-2　Rouxによるハビタット水域の区分[11]

3.1　河川の自然環境の保全・復元時の河川生態系の捉え方

表3-1 中下流域における魚類のハビタット分類の例[9]

基本的要素	大分類	中分類	形態的特徴	機能的特徴の例
流れ	流水域	早瀬 (rapid, riffle)	水面は白波立ち、水深は小さく、流速が大きい。淵への落ち込み部に生じることが多い。	アユ等の遊泳魚の生息、採餌場となる。
		平瀬 (run)	水面は波立つが白波は立べると小さく、水深は大きい。	オイカワの生息場となる。
		とろ (glide)	水面はほとんど波立たない。流速は平瀬よりも小さく、水深は大きい。	水深が大きい場合にはカバーとなる。
		淀み (slack, shallows)	河岸の凹部や砂州の内岸側等に生じる。流速、水深ともに小さく、水面は波立たず水面上から河床状況が確認できる。	流速が小さく仔稚魚の生息場や水深が小さい大型の魚食性魚類からのカバーとしての機能がある。
		淵 (scour pool)	湾局部の外岸側、砂州の前縁部、構造物周り、床止めの下流部等に生じる。生じる場所によりM型、R型、S型の淵等に分類されてきた[10]。一般に水深は大きく、流速はほとんどない、水面勾配はほとんどないく、水面は波立たず。河川の合流点や川幅縮小部等にも生じる。	魚類の生息の場となる。水深が大きいためカバーとしての機能がある。
		クリーク (continuously flowing side arm)[11]	高水敷に見られる川幅数十cm〜数mの細流である。ある程度流速はあるが水深は小さく、水際は植生帯や河畔林で覆われていることがある。	仔稚魚の生育場、避難所となる。
	止水域	湛水域 (dammed pool)[12,13]	堰等の上流や海水面の背水区間である。通常流れは速く、水深が大きい。水面勾配はほとんどない。	カモ類の営巣、採餌の場となる。ボラ等の周縁魚の生育場ともなる。
		後背水域 (backwater)[11]	河道内にある池状の水域で、本川の位置により、海外では以下のように分類されている例が見られる[13]。 ・下流側のみ接続しているもの(Backwaters connected to main river at downstream only). ・常時本川と接続しておらず洪水の影響を強く受けるもの (Backwaters without permanent connection to river. Strongly influenced by flood). 例えば、旧河道 (abandoned channels)。 ・本川と常時接続してはおらずほとんど洪水の影響を受けないもの (Backwaters without permanent connection to river. Rarely influenced by floods)。	水質汚濁時や洪水時の水時の避難場となる。仔魚の生育の場としての機能がある。また、このような氾濫原的な環境に依存する魚介類も多い。例えば、タナゴタナゴの産卵母貝である二枚貝の生育の場ともなっている。本川との接続頻度や後背水域内の生態遷移の進み具合により、魚類の現存量や生産性が異なる[14]。

分類		形態的な特徴	機能的特徴の例
底質		巨礫、玉石、礫、砂泥等の河床材料の粒径と、浮き石、沈み石など状態の有無で分類する。粒径の異なる材料から構成される場合、各粒径が単位面積に占める割合で表すことがある[14]。河床材料とは異なるが、湧水を底質の中に分類しておく。	巨礫は256mm以上。256mm>玉石>64mm、64mm>礫>2mm、砂泥は2mm以下である。第四紀沖積世以前の基岩層（岩盤）が露出することがある。玉石以上の大きさは浮き石、沈み石の状態に分類できる。湧水は沈水植物が旺盛に繁茂し高密度なハビタットになる。	魚類の産卵場所として重要である。例：マハゼ（泥）、アユ（砂礫）、ヤマメ（礫）、カジカ（浮き石）、玉石や巨礫は魚類のカバー（上位捕食者からの避難場）となる。また、湧水はホトケドジョウ等の重要なハビタットである。
植生		浮葉・沈水植物帯	流れが穏やかで、流量が安定した水域にはコウホネ等の浮葉植物、エビモやヤナギモ等の沈水植物が繁茂することがある。	フナやホトケドジョウ等の産卵場、基質仔稚魚の生育場である。魚類のカバー[15]となる。
河岸・構造物等			倒木や水中に没した木本類の根茎、空隙の大きい護岸や根固、魚巣ブロック等。	魚類カバーとなりやすい。

注）「ワンド」や「たまり」といった用語があるが、定義が定まっていないため、ここではBackwaterを直訳し後背水域とした。カバーとは、魚類の上位捕食者からの逃げ場や捕食時の避難場所を提供する機能的なハビタットを意味する[15]。

水際域におけるハビタットの分類の例

分類		形態的な特徴	機能的特徴の例
河岸・構造物		庇状になった河岸（under cutbanks）。植生がある場合にはオーバーハンギングした植生（overhanging vegetation）となる。	魚類カバーとなりやすい。
		空隙の多い根固、魚巣ブロック等。	魚類カバーとなりやすい。
植生		草地（形態的特徴は河岸植生河岸植生等と呼ばれることが多い）。	ヤナギタデやクサヨシ等の湿性の低茎草地（wet meadow）、ヨシやマコモ等の湿性の高茎草地からなる。冠水頻度や期間により住み分けている場合が多い。セグメント3)による構成材料の粒径は異なる。	魚類の産卵場、採餌場、カバー。
		樹林地（河岸林、河辺林等と呼ばれる）。	低木と高木を厳密に区別することは難しいが、樹高2〜3mが目安と高木である。タチヤナギやコリヤナギが代表的な低木林の優占種である。アカメヤナギ、ハンノキ、エノキは代表的な高木林の優占種である。また、水際に立地するもの。	落下昆虫の供給、日陰の形成、鳥類からのカバー等を形成する。

HABITAT　ハビタット	
Aquatic 水域　↑	In-channel features　本流 Pools　淵 Riffle　早瀬 Gravel bars　砂州 Islands　島 Banksides　河岸
	Continuously flowing side arm つながった流れ、クリーク
	Backwater connected to main river at downstream end only (eg side arms) 下流端が本流につながっている後背水域　（例:サイドアーム）
Lateral continuum 横断方向の連続性	Backwater without permanent connection to river. Strongly influenced by floods(eg abandoned channels) 常に流れとつながっていない後背水域、洪水の影響を強く受ける．（例:旧河道）
	Backwater without permanent connection to river.Rarely influenced by floods. 常に流れとつながっていない後背水域、ほとんど洪水の影響を受けない
↓	Area of Floodplain grassland / marsh subject to periodic inundation .(Characterised by seasonal high water table) 氾濫原の草地の領域、一時的に冠水する沼地（季節的に高水位により特徴づけられる）
	Fen / swamp 水面のある　低い湿地 / スポンジ状の湿地
Terrestrail 陸域	Marsh 草湿地
	Riparian / floodplain woodland 河畔林 / 氾濫原性樹木

図3-3　Rouxの河川と横断的なハビタットの連続性[11]

[コラム3]　瀬と淵について

　河川の流水部のハビタットの基本単位である「瀬」と「淵」について，生物学的な分類と工学的な分類の対応関係を見てみよう．
　瀬や淵は河床形態と密接な関係がある．生態学から見た淵は，R型，M型，S型の淵などに分類される．
　R型の淵というのは，大きな岩などの周りにできる淵のことである．これを河川

工学の立場では突起物の周りの洗掘という。これは突起物の周りでは流れが速くなったり渦がまいたりすることにより川底が深く掘れることに対応している。

M型の淵は，生態学の分野では，流れの曲がる蛇行点に形成される淵と定義されている[10]。河川工学でいう，湾曲に伴う外岸側の深掘れおよび砂洲の前縁部からの流水の落込み部に対応していると考えられる。まず前者について説明する。川の流れは一般的に表面が速く底の方が遅い。したがって，湾曲部では早い表面の水は直進しようとするため，河岸にぶつかり底に潜る。潜った水は水底部を外側から内側向きに流れる。このような流れを二次流と呼んでいる(図3-4)。二次流によって河床の砂礫も運ばれ，湾曲部の外岸側は掘れ，内岸には砂礫が堆積し洲となる。このような深掘れ部はM型の淵に対応している。また，内岸側につく洲のことを，動かないその場所にある洲という意味からポイントバーと呼んでいる。また，直線河道であっても川幅と水深の関係などの条件がそろうと砂洲が発生する。写真3-1と図3-5に直線の水路にできた砂洲を示した。左右交互に砂洲ができている。このような砂洲を交互砂洲というが，自然堤防地帯によくできる砂洲である。砂洲は水理学では中規模河床波と呼ばれる河床波の一種である。交互砂洲は上流から下流に向けて移動する。砂洲の下流端は砂洲の前縁線と呼ばれ，洪水時に砂洲上を転がってきた砂礫は砂洲の前縁線から転がり落ちて止まる。こうして砂洲は少しずつ前進する。平常時は砂洲の前縁線に沿って水は流れるが，砂洲は交互に発生しているので，水がどこかで砂洲を乗り越えなければならない。一般に澪筋が砂洲の前縁線を乗り越えるのは一つの砂洲の比較的上流の方である。砂洲の前縁線を水が乗り越えるところは浅くなり波打つ。そこが瀬になる。一方，瀬から流れが落ち込んだところが淵となる。湾曲部にできる淵の方が直線部にできる淵よりも一般的に深くなる。

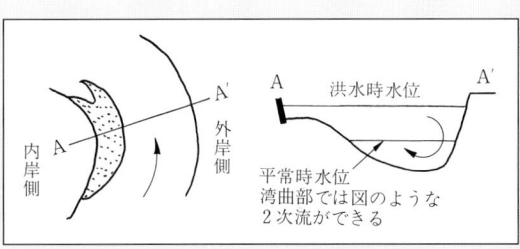

図3-4 湾曲部の二次流

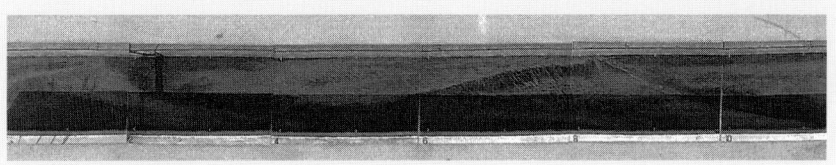

水を落とした後，試料を流した。黒いところは河床が低い。
写真3-1 模型実験で作った砂洲

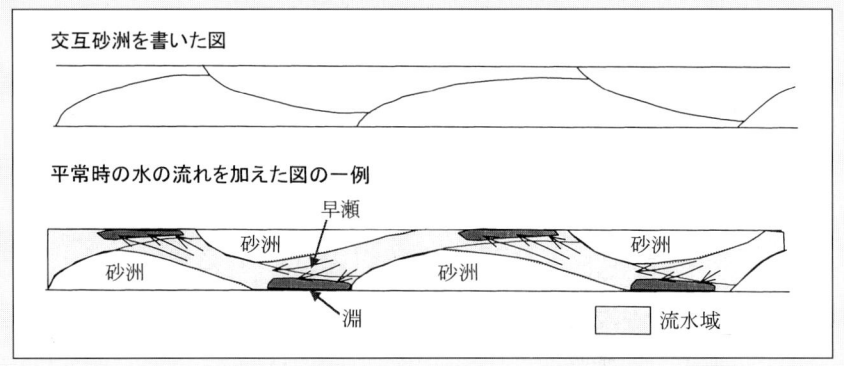

図3-5 実験水路状の砂洲と瀬および淵

直線部の交互にできる砂洲は，交互砂洲と呼ばれている。平常時は砂洲に沿って流れ，砂洲前縁線を上下流部で横切る。砂洲前縁線の上(上流)が早瀬となり，そこから流れ落ち込み淵となる。

S型の淵は，河床の耐浸食力の差異に伴う深掘れと対応しており，河床に岩やコンクリートなど硬いものがあると，その下流が掘れてそこが淵となる現象と対応している。

3.2　人間はどのようなインパクトを与えているか

　人間活動によって河川生態系の構造や機能は影響を受ける。アメリカ・ワシントン大学のKarr[16]は影響項目を五つのカテゴリーに分類した。Karrの分類を参考に日本の自然条件と社会条件を加味し，七つのカテゴリーに分類する。この分類は基本的に図3-1に対応している。①エネルギーの流れへの影響，②水質への影響，③流量レジームへの影響，④流砂レジームへの影響，⑤ハビタット(生物の生育・生息空間)の質への影響，⑥生物の相互作用への影響，⑦レクリエーション，採捕，土木工事などの人間活動による生物個体あるいは群集に対する直接的影響の七つのカテゴリーである。①は，渓畔林，河畔林から供給される有機物のサイズ，量，タイプ，利用できる餌の季節変化への影響などであり，特に渓畔林伐採などにより生じる。②は，水温，濁度，溶存酸素，栄養塩，有機系あるいは無機系の物質，重金属，有害物質，pH，塩分濃度への影響。③は，平常時の流量や洪水や渇水の頻度など流量レジーム(レジームは量と頻度やパターンを併せ持った概念)への影響。④の流砂レジームとは，上流からの土砂供給量，供給される土砂の粒径分布，ある区間における土砂の粒径別の堆積,移動量などへの影響。⑤は，底質，水深と流速，産卵場，生育場，避難場，生息空間の多様性(瀬，淵，沈木)などハビタットの質への影響である。Karrのカテゴリーでは無機系物質は水質に含まれているが，日本は流砂量が多く，河川

の基本性状に深く関わっているので流砂レジームに含めた方が適切であろう。⑥は，放流や他地域からの外来種の移入などによる生物間の競争の変化，病気などがあげられる。⑦は，人間活動による直接的な生物の個体あるいは生息基盤の破壊のことである。例えばオフロード車による河原系生物へのダメージなどがあげられる。ハビタットの質は，流量レジーム，流砂レジーム，水質，生物およびそれらの相互作用によるので，それらについても考慮すべきである（なおKarrは，①エネルギー供給源，②水質，③流量レジーム，④ハビタットの質，⑤生物相互作用への影響の五つのカテゴリーに分けている）。

さて，これらの項目と具体的な人為的インパクトの関係を概念的にみたのが表3-2である。

表3-2 人為的インパクトと生態系の機能や構造への影響についての一般的関係（概念）[17]

人為的インパクト	①エネルギーフロー	②水質	③ハビタットの質	④流量レジーム	⑤流砂レジーム	⑥生物相互作用	⑦人間活動による直接影響
渓畔林の伐採	リター（落ち葉）の減少，餌となる落下昆虫の減少	水温の上昇	陰の減少		斜面からの土砂流出量の変化		
河川改修による河道の直線化，河岸の固定化（田川を例に）			淵の消失，底質の単一化		流出土砂量の減少		
砂利採取などによる扇状地の動的システムの変化（多摩川永田地区を例に）	陸域と水域にエネルギーのつながりがなくなった	水温の変化	河原の減少，レフュージの減少，河岸の単調化	取水による流量の安定化	流砂レジームの変化	ハリエンジュなど帰化植物の増加	
魚の放流						競争関係の変化	
ダムの存在，供用（Aダムの例）	貯水池による上流からの餌物質のトラップ		貯水池の出現，上下流のダム停滞による移動阻害	流況の変化，最大流量の変化，維持流量の増加			
河原でのオフロード車運転			移動分断				コチドリなどの営巣地の破壊，河原植物の破壊
大規模な都市開発（雨水浸透などを特に行わない場合）	支川からの餌物質の変化	栄養塩類の増加，有機物の増加，水温の上昇	支川などの生息地の変化	洪水到達時間の短縮，平常時流量の減少	粒径の変化	法面緑化などに使われた帰化植物の増加	釣りなど人の利用の増加

例えば，渓畔林の伐採によって，リターの減少，水温の上昇が起こり，生態系の構造が変化する[2]。また，河川改修による直線化によって，侵食・堆積状況が変わり，ハビタットが単調化すると魚類相が影響を受ける[18]。また，さまざまな帰化生物が在来生物に影響を与えている。ダムの存在は流砂，流量レジーム，水質などに影響を及ぼす。都市化などの土地利用の変化はほとんどすべての項目に影響を及ぼす。

ハビタットについては，上記項目が相互に関連するので，もう少し詳しく言及する。

河川の自然環境の保全・復元が行われる場面として最も多く，またその保全の重要性が近年多く指摘されているのが河川のハビタットである[19),20),21)]。

ハビタットの質は，ハビタットの空間構造，底質，水質，植生，冠水頻度や洪水による撹乱の程度，人の利用などにより決定されている。空間構造は，河川内および周辺の微地形に基本的に支配されている。河川微地形は水の流れ，流砂，構造物および植生との相互作用によって形成されている[22)]。このようにハビタットの質は他の項目と複雑に関係している。例えば，高水敷上の池状の水域(backwater：後背水域)は空間形状のみならず本流との接続頻度が重要であるし，干潮部では塩分濃度の変化や冠水の程度が重要である。したがって，河川におけるハビタットの質の保全は単なる物理的空間の保全にとどまらず，ハビタットの質を支配する撹乱などを含めたシステムの保全が必要である。

> **[コラム4] インパクトの例：中小河川改修によるハビタットの質の変化（田川の例[18)]）**
>
> 中小河川改修は河道の大幅な変更を伴うために，河川の自然環境，特にハビタットに直接的な影響を与えやすい。また山地を持たずほとんど土砂が流出しない，大河川がつくった沖積地上を流れている河川では，その川のエネルギーでは河床材料が移動しない，川幅の拡大により水深が小さくなり河床材料を動かせない，などの理由により，川自身の微地形回復能力が小さく，河川改修の影響が長く続く場合も多くみられる。このような理由で大河川とは異なるインパクトの影響がある。
>
> 従来型の中小河川改修の典型的な例として，鬼怒川の支川田川について見てみる。田川は鬼怒川が形成した扇状地上を流下する河川で，流域面積252km^2，流路延長64kmの一級河川である。図3-6，写真3-2，写真3-3に示したように，改修の内容は，①河道の直線化，②河道の拡幅（1.5倍）および河床の掘削，③護岸の設置である。調査区の流路延長は改修前に比べ約2/3になっている。改修前後の魚類の生息状況について表3-3に示す。調査は手網および投網で行い，努力量はなるべく同じになるように設定した。
>
> 改修前には放流魚3種，放流魚以外では遊泳魚5種，底生魚6種が採捕された。一方，改修後はホトケドジョウ，ナマズが採捕されておらず，その他の底生魚もあまり採捕されていない。一方，オイカワは増加傾向にある。また放流魚はほとんど影響を受けていない。

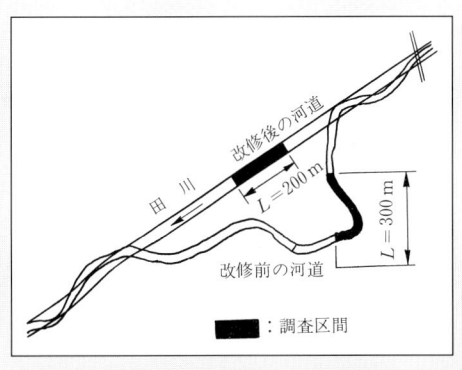

図3-6 田川における改修前後の調査区間平面図[18]

写真3-2 改修前[18]

写真3-3 改修後[18]

表3-3 採捕魚種，採捕尾数一覧表[18]

魚種名		改良前		改良後					
		1990年7月	1990年9月	1991年1月	1991年6月	1992年7月	1992年11月	1993年8月	1993年12月
遊泳魚	フナ		7			1		5	
	オイカワ	8	4	1	3		37	7	2
	アブラハヤ		1	1		1			
	タモロコ	33	19	2	15	6	2	5	2
	モツゴ		2			1		1	
底生魚	カマツカ	3	1		4		1	1	2
	ナマズ		4						
	シマドジョウ	22	95			1			
	ホトケドジョウ	12	17						
	ドジョウ	20	25	4	2			3	1
	ヨシノボリ		2		5	1		6	
放流魚	アユ	2			3	4		10	
	ウグイ	11	8	48	48	89	52	150	12
	コイ			1	1	1			2
合計魚種数		8	13	6	7	9	4	9	6
採捕合計尾		111	186	57	80	105	92	188	21
放流魚割合（%）		12	5	86	64	90	57	85	67

3.2 人間はどのようなインパクトを与えているか —— 27

次に、どのような生息環境が変化しているのかを見てみる。改修前は、河床の状況として泥、砂、浮き石帯、沈み石帯、河岸の状況として土が露出した河岸、草が繁茂した河岸、流れの状態としては淵、早瀬、平瀬など、さまざまな状況があったが、改修後、河床は浮き石帯と砂や泥が堆積しているところがなくなった。また、河岸の植生帯もほとんどなくなった。また早瀬や淵がなくなりほとんどが平瀬化している。図3-7に水深と流速の関係をいくつかの断面について横断方向に測定した結果を示した。改修前は淵では水深が深く流速の遅い部分が、淀みでは水深が浅く、流速の遅い部分がみられるが、改修後は流れの遅い領域がなくなっているのがわかる。生息環境の変化と魚類の生息環境の関係を示したのが表3-4である。この表よ

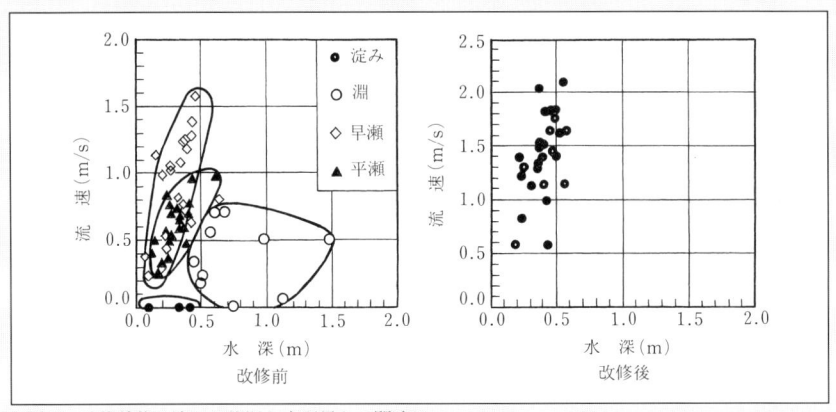

図3-7 改修前後の流れの状況と水理量との関連[18]

表3-4 採捕結果および文献からみた生息空間の増減と魚の増減[18]

		底質の状況			河岸の状況			流れの状況				生息量の変化
		泥・砂	沈み石	浮き石	植物	空隙有	空隙無	淵	平瀬	早瀬	淀み	
	環境要素の増減	↘	↗	↘	↘	↘	↗	↘	↗	↘	↘	
遊泳魚	フナ				◎			○			□	↘
	オイカワ		○					○	◎			↗
	タモロコ				◎						◎	↘
底生魚	スナヤツメ	◎									◎	↘
	ナマズ	◎			◎	○					○	↘
	シマドジョウ	◎			◎			○	○		◎	↘
	ホトケドジョウ	◎			◎						◎	↘
	ドジョウ	◎			◎						◎	↘
	ヨシノボリ		○	○	□			○	○			

凡例) ↗：環境要素および魚の生息量の増加を示す　　↘：環境要素および魚の生息量の減少を示す
○：文献による主な生息場所　　□：田川の調査で採捕した場所
◎：文献と採捕の両方で確認したもの

りハビタットの増減と魚類採捕量との関係が強く関連付けられているのがわかる。流れが緩やかで，底質が砂あるいは泥，また水際に植物が繁茂するところに生息する底生魚やフナは減少しており，平瀬を好むオイカワは増加している。このように，中小河川改修というインパクトによってハビタットが改変され，結果として魚類が影響を受けている。

では，今後時間の経過に伴って，元のハビタットに戻るのであろうか？ それを検証してみよう。

まず，河道の拡幅による影響を見てみる。水理量の変化を計算すると，改修前は流量が約50m³/s（1年に1回以下の出水）で無次元掃流力 $\tau_*=0.06$ に達していたものが，改修後は75m³/s〜100m³/s程度（2年に1回程度の出水）にならないとこの値に達しない。$\tau_*(=sd/I_eR:s$，sは河床材料の水中比重，dは直径，I_eはエネルギー勾配，Rは径深）は河床材料の動き安さを示す値で，$\tau_*=0.06$はおおむね河床材料が移動を開始する値である。改修後は河道の拡幅により河床材料が移動しにくくなっていることがわかる。これは改修により，いったん河床を平坦化させ，瀬や淵がなくなると，その再生に時間がかかることを示している。

改修前の調査区間には，河道湾曲部が二つ存在した。このような湾曲部は洪水時に水衝部となるだけでなく，二次流（横断方向の流れ）が発生するために，外岸側が洗掘域に，内岸側は堆積域となる。また河床材料のふるい分けが生じ，内岸側に泥・砂質帯が形成される。改修前の田川においてもこの傾向は明確であり，小さい湾曲部では，湾曲の出口にあたる部分に泥・砂質帯と淵が，また大きな湾曲部では，かなり大きな淵と泥・砂質によって構成される寄洲が形成されていた。

改修後の河床は，河道の直線化により湾曲による淵がなくなった。また川幅の増加により，中規模河床波（直線においても流れと干渉し発生する砂洲）が明確に発生する領域でなくなった。このため湾曲による瀬と淵の形成がなく，河床全体が平瀬化した。また今後，中規模河床波ができる可能性も小さく，河川自身の力では回復が難しいことがわかる。現在においても砂洲は依然としてできておらず単調な環境となっている。

以上のように，中小河川の場合，ハビタットはドラスティックに変化し，元に戻りにくい場合があることがわかったであろう。

コラム5　扇状地の動的システムの変化(多摩川永田地区を事例に)

　砂利採取，上流からの土砂供給量の減少によって河川の動的なシステムが時間経過に対してゆっくりと変化してきた事例を見てみる。日本のように土砂生産量が多く降水量も多い地域では，特に扇状地の河道の安定化は，人間が生活する上で不可欠であり，近年の河道改修，砂利採取，ダム建設の結果，河道の安定性は増し，治水安全度は高まったといってよい。その一方で，扇状地における自然環境の特徴，すなわち洪水による流路の変更，植生の破壊，河原の裸地化，そこからの植物の回復が繰り返されるといった動的な破壊再生の繰返しの動的システムが失われ，陸域水域の明瞭化(複断面化)，樹林化の進行，河原の減少が報告されている。さらに，このようなハビタットの変化，特に河原の減少は，河原に依存する生物の減少を招いている。例えば，関東・東海地方の一部の河原のみに生育する植物であるカワラノギク(*Asterkantoensis*)が近年急激に減少し，絶滅の危機に瀕していることが報告されている[6]。このように近年，扇状地部における河川の自然環境は変化し，生物へも影響を及ぼし生物多様性の保全において重要な課題となっている。

　また，単断面から複断面化へという河道形状の変化は，平常時における澪筋とワンドやタマリなどと呼ばれる後背水域との河道横断方向の連続性を減じている。澪筋は水路化し，ちょっとした出水では水面幅は広がらず，流速が遅い領域はできにくくなっている。後背水域は，河道内における氾濫原的な性格をもったところで，タナゴや二枚貝，あるいはドジョウ，ナマズなどの生息産卵場となり，湧き水に依存する魚などにとって重要な生息地になっていると考えられている。また出水時に流速の小さな領域は，魚類や昆虫類のレフュージ(避難場)および植物の種子の定着サイトとして重要である。

　ここで，多摩川を例に扇状地河川の自然環境の変化を，河川生態学術研究会多摩川グループ(代表:小倉紀雄，筆者もメンバー)の研究成果より見てみたい。多摩川永田地区は，永田橋(51.8km)から羽村大橋(53.3km)までの1.5kmの区間であり，近年，日本で起きている扇状地の環境変化を顕著に示している事例と考えることができる。

　永田地区は，草花丘陵と立川段丘拝島段丘間の多摩川が形成した古い扇状地の開削地形に位置する。平均河床勾配は約1/218，川幅300m程度，水面幅は30m程度である。永田地区の約0.5km上流に羽村堰が位置し，羽村堰地点の流下量はほぼ永田地区における流量を示すものである。小河内ダム完成以降，羽村堰からの取水量は増加した。取水後の羽村堰下流の本川流量は，$6.9m^3/s$ (1950年から1957年の平均)から$3.6m^3/s$ (1958年から1969年の平均)に減少した[23]。また1970年以降1993年までは，灌漑期の5月20日から9月20日までの90日間は$2.0m^3/s$放流されているが，その他の非灌漑期の放流量は$0m^3/s$の日が大半を占め，非灌漑期永田

地区にはほとんど水が流れていない状態であった。一方，小河内ダムは利水ダムであり洪水調節を行っていないため，台風等の洪水時の流量はほとんど変化していない。1992年5月以降は，冬期も水が確保され通年の2.0m³/s放流が行われている。

写真3-4に，1941年,1947年,1961年,1972年,1974年,1992年に撮影された多摩川永田地区の空中写真を示す。戦前の1941年には，澪筋は大きく蛇行し，大きな中洲が見え，そこには植物が繁茂している様子が見える。関東地方における既往最大規模の台風であるカスリン台風が通過した直後の1947年の空中写真を見ると，1941年には見えた植物は見えず河道内に砂礫地が広がる。台風によって植物帯が破壊されたことを示している。1961年になると，砂洲上に引っかいたような傷があるのが見え，自然の裸地はほとんど見えない。これは高度成長期の大規模な砂利採取の様子を示している。1972年になると，河道内に植物が繁茂しているのが見える。1964年に砂利採取が禁止され，自然裸地も若干回復している。1974年台風（2,150m³/s）によって再び裸地化する。この洪水以降流路は左岸側（写真下部）に固定される。今まで低かった右岸側中央部に大きな砂洲が形成され，その砂洲と旧地形の間に旧流路が細長く取り残されている様子が見られる。この旧流路は現在も存在し小さな池あるいはクリークとなっており草花湿地と呼ばれている。またこの時にできた大きな砂洲には細粒土砂が混入しており（李，藤田らの堆積物調査[25]より），その後カワラノギクなどの大群落となる。この洪水が現在の形状の基本構造を決定しており，以降，流路は左岸沿いに固定し，この砂洲は陸化する。1981年,1982年,1983年に比較的大きな出水が起こり高水敷には細砂が堆積し，澪筋は低下し複断面化が顕著となる。1992年の写真を見ると河道内の樹林地が占める割

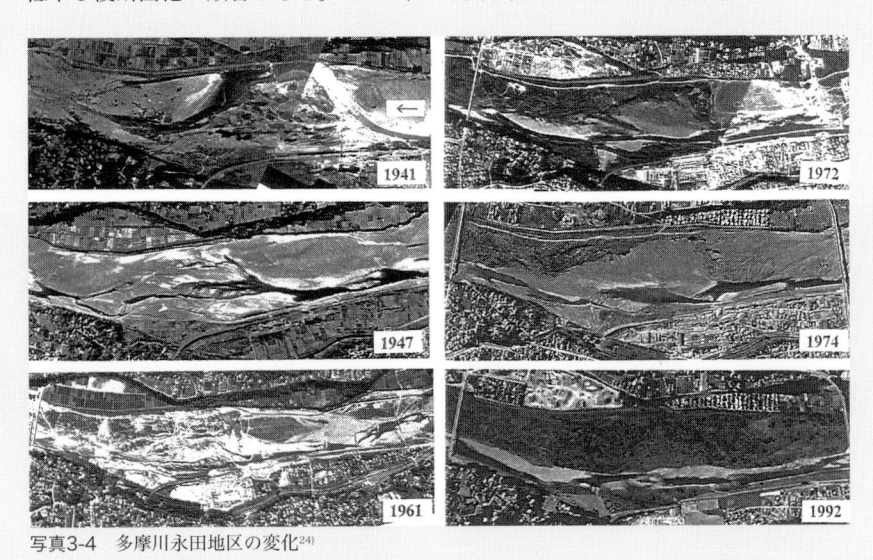

写真3-4　多摩川永田地区の変化[24]

合が大半で，砂礫地は左岸側の澪筋に沿ったわずかな領域に狭まっているのがわかる。図3-8，図3-9に河原率[24]（(自然裸地＋水面)／河道面積）および冠水域率[24]（水位上昇時の水面の面積／河道の面積）の推移を示した。砂利採取によっていったん減った河原率は1964年以降回復傾向となるが，1974年の出水以降，また減少傾向に転じている。1974年の出水によって河道の性格が大きく変わったことを示している。また冠水域率のグラフは，1972年当時は，平常時より2.0m水位が上昇すると冠水域率は0.5を超え，河道内の半分以上が水面であったものが，1996年には2.0m水位が上昇しても，ほとんど水面が広がらないことを示している。これはちょっとした出水では水面が増加せず，低水路部のみを水が流れ，低流速域のレフュージとなるところがないことを示唆している。

　このような影響は生物あるいは生態系にどのように現れているのであろうか。河原に依存して生育するカワラノギクの動向について，奥田らが作成した1979年,1989年,1995年の多摩川河川現存植生図[26],[27],[28]から見てみる。永田地区におけるマルバヤハズソウ－カワラノギク群集の面積は，1979年は河道内面積の約13%

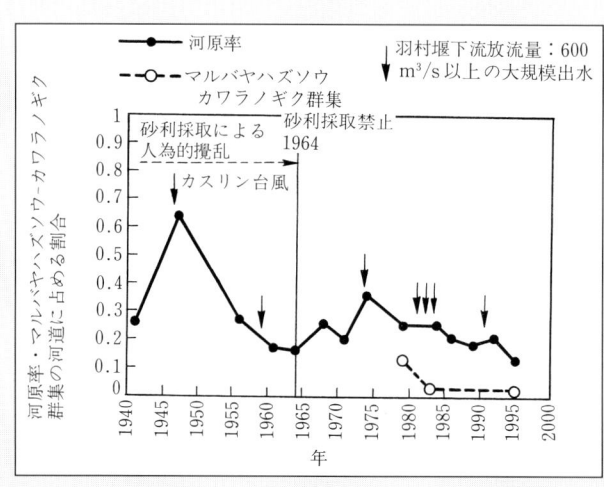

図3-8　河原率の変化[24]

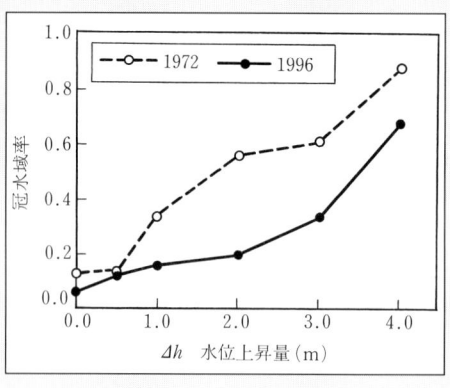

図3-9　冠水域率の変化[24]

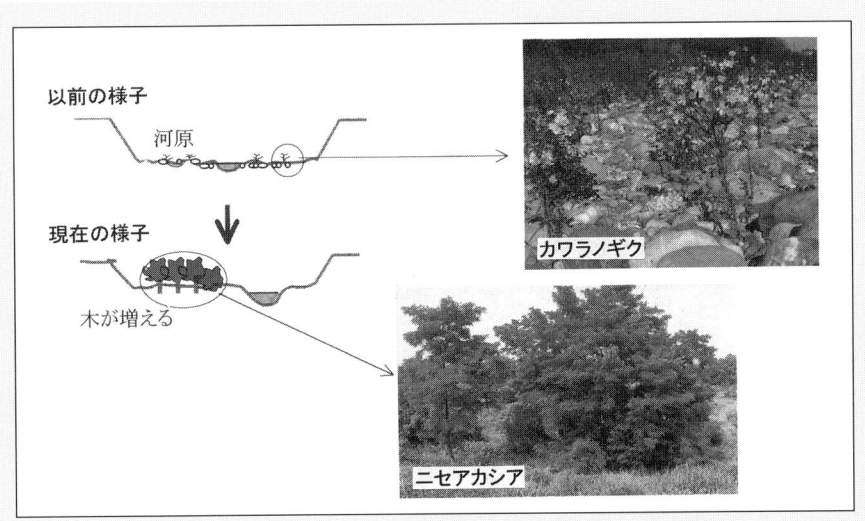

図3-10　多摩川の河道形状の変化

を占めていたが，1983年は約3%(1979年の23%)，1995年は約2%(1979年の18%)へ大きく減少している。このような減少は永田地区だけでなく，多摩川全体の傾向でもある。このように単断面から複断面という河道形状の変化は，河原の減少を招き，河原に依存する生物の減少をもたらしている。さらに，上田ら[29]は，炭素と窒素の安定同位体比を用いて永田地区の物質フローについて検討した。本川では付着藻類の光合成を起点とする食物連鎖，陸化した砂洲上の湿地では陸上植物の光合成を起点とする食物連鎖が主要であり，本川と湿地の物質循環系の相互作用は小さいことを明らかにしている。これは陸域化によって，それまで保たれていた湿地と本川の連続性が失われ，多摩川永田地区には，陸域と水域のほとんどつながりがない二つの系が存在していることを示すものである。以上のように，永田地区では砂利採取等のさまざまなインパクトにより河道形状が変化し，扇状地の動的なシステムが変化し，生物や生態系に影響を及ぼしている。

引用・参考文献

1) 建設省河川局河川環境課・建設省土木研究所：河川環境に関するインパクトおよびレスポンスに関する研究，建設省技術研究会，1999.
2) 中村太士：河畔林における森林と河川の相互作用，日本生態学会誌45，pp.295-300，1995.
3) 山本晃一：沖積河川学，山海堂，1996.
4) 萱場祐一・島谷幸宏：扇状地河川における地被状態の長期的変化とその要因に関する基礎的研究，河道の水理と河川環境論文集，pp.191-196，1995.

5) 島谷幸宏・皆川朋子：日本の扇状地河川における現状と自然環境保全の事例，河川の自然復元に関する国際シンポジウム論文集，pp.191-196，1998．
6) 倉本宣：多摩川におけるカワラノギクの保全生物学的研究。東京大学大学院緑地学研究室緑地学研究15，1995．
7) 片野修：新動物生態学入門，多様性のエコロジー，中央公論社，1995．
8) 鷲谷いづみ・矢原徹一：保全生態学入門，遺伝子から景観まで，文一総合出版，1996．
9) 萱場祐一・島谷幸宏：河川におけるハビタットの概念とその分類，土木技術資料Vol.41, No.7, pp.32-37, 建設省土木研究所，1999．
10) 沼田真・水野信彦・御勢久右衛門：河川の生態学，築地書館，p.2，1972．
11) National River Authority : THE NEW RIVERS & WILD LIFE HANDBOOK, edited by Ward, D. and Holmes, N and Jose, P, pp.13-14, 1995.
12) Hawkings, C.P., Kershner, J.L., Bisson,P.A., Bryant, M.D., Decker, L.M., Gregory, S.V., McCullough, D.A., Overton, C.K., Reeves, G.H., Steedman, R.J. and Yuyug, M.K. : A hierarchical approach to classifying stream habitat features. Fisheries no19, pp.3-12, 1993.
13) Church, M. : Channel Morphology and Typology, The River Handbook Volume 1 edited by Calow, P and Petts, G.E., pp.126-143, 1995.
14) Roux, A.L. and Copp, G.H.:Fish populations in rivers, Fluvial Hydrosystems, edited by Petess, G.E. and Amorros, C., pp.167-179, 1996.
15) Wesch,T.A.:Stream Channel Modification and Reclamation Structure to Enhance Fish Habitat, The Restoration of Rivers and Streams edited by James, A. G,pp.103-112, 1985.
16) Karr J.R. et al.:Assesing biological integrity in running waters. Amethod and its rationale. Special Publication 5. Illinois National History Survey, Champaign, Ill. 28, 1986.
17) 島谷幸宏：自然をこわさない改修は可能か，科学，岩波書店，1999．
18) 島谷幸宏・小栗幸雄・萱場祐一：中小河川改修前後の生物生息空間と魚類相の変化，水工学論文集第38巻，pp.337-344，1994．
19) 谷田一三：淡水生物の生息場所と種の保全，土木学会誌83，pp.34-36，1998．
20) 奥田重俊：日本における氾濫原植生の特性，河川の自然復元に関する国際シンポジウム論文集，pp.109-115，1998．
21) 桜井善雄：河川における生息環境の保全・復元の基礎としてのビオトープ，河川の自然復元に関する国際シンポジウム論文集，pp.155-160，1998．
22) 辻本哲郎：河床低下による河川景観の変質とその回復－河川水理学的アプローチ，河川の自然復元に関する国際シンポジウム論文集，pp.167-172，1998．
23) 建設省関東地方建設局京浜工事事務所多摩川誌編集委員会：多摩川誌，山海堂，1986．
24) 皆川朋子・島谷幸宏：扇地部における河川の自然環境保全・復元目標の指標化に関する研究―多摩川永田地区を例に―，環境システム研究Vol.27，pp.237-246，1999．
25) 李参照・藤田光一・塚原隆夫・渡辺俊・山本晃一・望月達也：礫床河川の樹林化に果たす洪水と細粒土砂流送の役割，水工学論文集第42巻，pp.433-438，1998．
26) 奥田重俊・曽根伸典・藤間熙子・富士翯：多摩川河川敷現存植生図，とうきゅう浄化環境管理財団，1979．
27) 曽根伸典：多摩川河川敷現存植生図，とうきゅう浄化環境管理財団，1983．
28) 奥田重俊・小舩聡子・畠瀬頼子：多摩川河川敷現存植生図，とうきゅう浄化環境管理財団，1995．
29) 上田眞吾・高　春心：多摩川永田地区の安定同位体からみた物質循環，河川生態学術研究会多摩川グループ研究論文集(編集中)

4章 保全・復元の際の基本的考え方

(1) 治水のことをしっかりと考えよう

河川の自然環境の保全・復元計画を立案するとき，治水計画との関係をきっちりと整理することがまず重要である．特に次の点については，よく整理する必要がある．

(a) 治水計画の内容

治水計画の規模(何分の1の確率を対象とするのか)，治水方式(河道を中心にするのか，遊水地など流域での対応を中心にするのかなど)，法線形，氾濫形態など治水に関わる内容をよく吟味する必要がある．例えば，良好な環境要素を保全したい場合，治水計画のどこに自由度があるのか，治水と環境の保全をどう折り合いをつけていけばよいのかが課題となる．したがって，治水計画の内容をきっちりと整理することは，河川の自然環境の保全・復元を行う際に基本的に重要である．

(b) 水理計算

良好な環境単位を残そうと思えば，それによる水位の上昇や流向，流速への影響を定量的に把握する必要がある．したがって中小河川においても，少なくとも不等流計算(縦断的な水位の変化を計算する一次元的な計算手法)は必要である．植生による水位上昇の程度をみようと思えば，準二次元不等流計算(一次元計算であるが，横断方向に抵抗の差を見込み平面的な流速分布を求めることができる，植物の大きさ・密度によって抵抗を変えることができる)が必要である．

例えば，北川(コラム7参照)では水位計算結果と樹木の伐採などの環境改変の程度をみながら両者の折り合いをとっていった．樹木の伐採箇所，高水敷の掘削箇所を何パターンか決め，水位計算し，望ましい水位になるかを検討した．それでも満足するレベルに達しなければ，何度も樹木の切り方や掘削の仕方を変えて自然環境の保全，治水の両者をなるべく満足できるレベルに達するまで計算を繰り返した．

(2) 現況の環境を歴史的経緯を含めよく把握しよう

自然環境の保全・復元計画を立案するときには，現況の自然環境がどうなっているのか，過去と比べてどういう状態であるかを把握する必要がある．

生物調査を行っただけでは現況の自然環境を十分に把握できない．生物情報と生育生息環境の情報を突き合わせて把握する必要がある．

そのためには環境情報図[1]が有効である．環境情報図は，水域，陸域，生物の情報を1枚の図面にわかりやすく示したものである．水域は，瀬，淵，ワンド，砂洲，藻

場などの形状や分布そして流れの様子がわかるようになっている。視覚的イメージが伝わりやすいように，流れの向き，瀬，淵，植生の状況が一目でわかるように工夫する必要がある。

　環境情報図には生物の情報もあわせて盛り込む必要がある。生物調査の結果から注目すべき動物を抽出し，注目種とする。注目種が見つかったところを図の中に示す。また産卵場や集団営巣地など重要な生息環境についても示す必要がある。

　この環境情報図に基づき，どこの環境が良いのか，なるべくダメージを小さくするためには，どこに手を加えればよいかなどについて読み取っていく。

　なお，注目種の選び方であるが，これについては確立された手法がなく，それぞれの河川で専門家の意見を聞きながらまとめることが望ましい。

　注目種を選ぶ際のいくつかの考え方を以下に示す(コラム7参照)。
① 絶滅危惧種・希少種(全国レベル，地域レベル)：(例えば，カワスナガニ，ハマナツメなど)
② 生態系の上位に位置する種：(例えば，カワセミ，ヤマセミ，アカメなど)
③ 特殊な環境に依存する種：(例えば，カワスナガニなど)
④ その河川を特徴づける種：(例えば，カワスナガニ，アカメなど)
⑤ 環境を指標する種
⑥ 他の生物との共生関係にある種

　これらの種を環境アセスメントとの関連で述べるならば，①が重要種，②が上位性に関する種，③が特殊性に関する種，④以降が典型性に関する種ということになる。

　以上のように，綿密な環境情報図を作成するには，水辺の国勢調査などの環境調査を利用する，あるいはこれと同等の調査を行う必要があるが，中小河川では予算の関係から，生物調査等が困難な場合がある。その場合は複数の専門家と共に河川を歩き，その時の情報をマップ化するという方法が有効である。

　現在の環境を把握するのと同時に重要なことは，時間経過の中で現在の環境を眺めることである。現在の環境が過去と比べてどのように変化したのか，あるいは，変化しつつあるのかを把握することは，保全・復元の目標の設定，将来的な環境の維持の容易さを予測するためには極めて重要である。生物に関しては過去にどのような生物がいつ頃までいたのか，生息地あるいは産卵場がどこであったかなどについての情報は有効である。

　専門家，地元住民，地方誌，地元漁業協同組合，水産試験所，新聞などから情報を得ることができる。また，河川の形状や生物の生息空間の変化については，過去の地形図，空中写真，図面，写真などから，どのように変化してきたのかをみることができる。さらに，過去に起こった洪水や渇水，大規模な改修，森林の改変など

についても調べ，なぜ河川形状等の変化が起きてきたのかを関連付ける必要がある。

(3) 目標をしっかり考えよう

過去の多自然型川づくりのなかには，目標設定があいまいなものもみられる。目標設定をしっかりとすることは，保全・復元計画立案時の第一歩である。目標設定の基本的な考え方については，2章で述べたとおりであるが，具体的な計画を立案する際には，さらに具体的な目標の設定が必要になる。

(4) 保全・復元対象をスケールとともにしっかり捉えよう

河川の自然環境を保全・復元する際には，何を保全するか，何を復元の対象にするかを明確にする必要がある。保全対象を大まかに分類すると，自然環境を成立させている物理化学的環境(生育生息環境)と生物あるいは生物群集に分けることができる。

表4-1は，河川の自然環境の保全・復元対象と管理行為の関係についてまとめたものである。流域レベルの大スケールの管理技術，河道計画等のある区間を対象とした中スケールの技術，水制の設置，ヨシ原の復元，ワンドや湿地の整備など小スケールの技術に分けることができる。スケールが大きいものほど保全・復元に必要な空間と時間の範囲は大きくなる。

表4-1 河川の自然環境保全対象となる保全・復元対象と管理行為

スケール	保全・復元対象	管理行為
大：流域	土砂生産 放流量 貯留・浸透量 土地利用 生物の供給源	土砂コントロール 流量コントロール 浸透促進，流域貯留増大 流出負荷量抑制 森林・湿地などの保全
中：区間	川幅，低水路幅，勾配 流量 水温 水質 生物群集	河道計画 処理水の放流，導水 河畔林復元 直接浄化，下水道整備 移動路の確保 有害種の駆除
小：地先	流速，水深，底質，空間構造 河岸材質，構造 土壌，種	河岸，河床の多自然型工法 ワンドなどハビタット復元 覆土，移植

例えば，大スケールの技術としては，流域の水循環システムを対象とした技術があげられる。都市中小河川では都市化による水循環の変化が生じている。浸透域，保水域の減少，流出率の増大，地下浸透量の減少，湿地の減少などにより，河川平常時流量の減少，湧水の減少，流域間の水域の分断化などが生じ，結果としてさまざまな生物が影響を受けている。これらに対処するために，雨水貯留，浸透，水の再利用，緑地の維持・創造，下水処理水の再利用などの要素技術が組み合わされ，浸

透量，表面流出量などの水循環量が復元される。そのほか流域レベルとしては，土砂のコントロール，流量のコントロールなどが重要である。

中レベルになると，河川と周辺環境との位置関係，河道の曲がり，低水路の幅・深さ・勾配など，河道計画が自然環境の保全にとって重要となる。周辺の崖地・樹林地と川が近接したままか，湾曲に伴う瀬，淵が維持できるような平面計画になっているか，支川や用水路との連絡，縦断方向の急な落差などに十分注意された縦断計画になっているか，河床は平坦にならないか，高水敷の高さや冠水頻度は将来樹林化しないかなど，河道計画レベルの保全対策となる。

小レベルでは，具体的なハビタットの保全がさまざまな形で行われている。近年の河道改修や流域の開発により，ワンド，クリーク，湿地などの氾濫原的空間の減少，水域間の分断化が生じてきている。これらの環境を復元するため，水制，多自然護岸，ワンド，湿地などが，また連続性を確保するため魚道などが多くの川で整備されている。

以上のように何を保全・復元対象にするのか，そのスケールとともにしっかり捉えることが重要である。

(5) 変動することを前提に，変動を許容しよう

自然環境の保全・復元のための技術の基本思想の一つとして，当初の形が変形するのを許容するという考え方がある。

これは，植生は遷移し，地形は変化することを前提としたものである。植生の遷移を抑えるために水面との比高差を小さくするなどの手法が考えられるが，完全にコントロールすることは難しい。河川に生じるワンドなども洪水の流路が取り残されてできる場合が多く，このようなものは洪水のたびに形や大きさそして位置が変わる。このような変動を許容する考え方は非常に重要である。

(6) 自然の力にゆだねよう

北九州市の貫川の例を見ると，多自然型川づくりにより川幅を拡大し，巨石を設置することで流れに変化を与えることが考えられた。施工後1年を経過した状態で，平常時，水が流れる水面幅は元に戻り，巨石工により見事に瀬や淵ができている（事例-22：貫川）。

土砂生産地に近い貫川は，川自身の力ですぐに元の川幅に戻ってしまう。このような作用は，川幅縮小機構と呼ばれる川の自然復元作用である。この河川計画のポイントは，川幅を広げて川に自由度を与えたことである。堆積作用を促進し，瀬や淵などをつくるためのきっかけとなる大きな石を配置したことにある。これらの巨石は川に絶妙の蛇行点を与え，多様な環境をつくりだしている。

貫川の例は，河川の自然環境の復元にとって，河川自身の復元力にゆだねることが重要であることを示している。河川の自然環境の保全・復元のための技術の底流に

は，河川形状を形づくるのは河川自身であって，人間はそれに手を貸すだけであるという考えがある。あくまで主役は河川であって，人間は脇役，自然の力にゆだねるという考え方が基本である。

(7) そこに住んでいる生物のことをよく知ろう

そこに住んでいる生物について，生物の種ごとの生活史，生息環境，他の生物との関係などについて知識を得て，それらの生物にとってどのような環境が必要なのかを整理することは，川への理解を深め，川が生物のためにもあることを知るうえでも重要である。

コラム6　治水計画と自然環境保全の例（境川）

現在の環境が良好な場合は，その環境をどのようにして保全するのかが重要となる。河岸に河畔林が残っている境川を例に考えてみたい。境川は神奈川県と東京都の境界の洪積台地上を開削して流れる，神奈川県が管理する掘込み河川である。以前は相当の区間で河畔林があったが，現状では2kmの区間のみが河畔林が存在する区間になっている。また大きな蛇行部が存在することも特徴である。この河畔林の保全をめぐって，河川管理者である神奈川県と境川の斜面緑地を守る会の間で議論がなされた。当初の計画案は計画流下能力60m^3/sを確保するために河道を直線化し，断面の拡幅，護岸を設置する計画であった（図4-1）。

当初の改修計画のインパクトとしては，河畔林やニリンソウなどの林床植物の生育地になっている天然河岸の消失，魚類のハビタットとして重要な湾曲部の喪失があげられる。これらのインパクトは，河畔林からの落ち葉や落下昆虫など餌物質を減らすことにもつながり，エネルギーフローにも影響を与える。また河畔林の伐採は，光環境を変え林床植物に影響を与える。現況の環境が良好なときのインパクト軽減策としては，回避，低減が基本である。境川では，なるべく蛇行部や河畔林を残すことを基本に，いくつかの代替案に対して流下能力の詳細な検討がなされ，天然河岸の強度がどのくらいあるのかを調べるためのボーリング調査などが行われ，蛇行部がほとんど残ることになった（図4-3）。一部河畔林が伐採される林床植物は移植されることとなったが，河川沿いの樹林地の樹木を間引き光環境を改善してから移植することとなった。

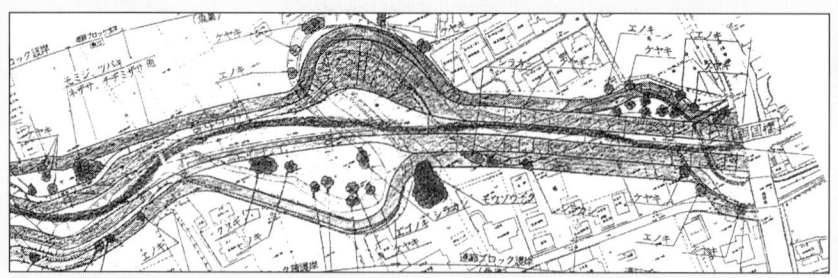

図4-1 当初案(河道の直線化,断面の拡幅,護岸の設置により,天然河岸の湾曲部が消失する)

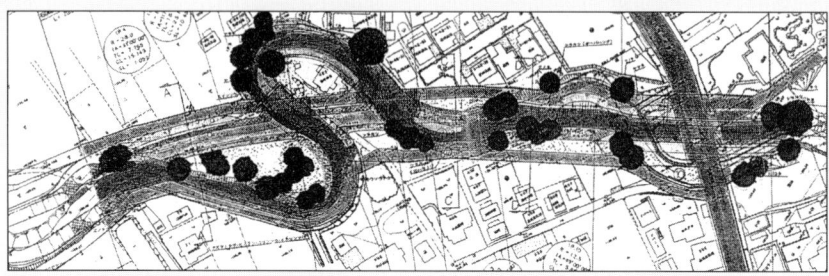

図4-2 ショートカット案

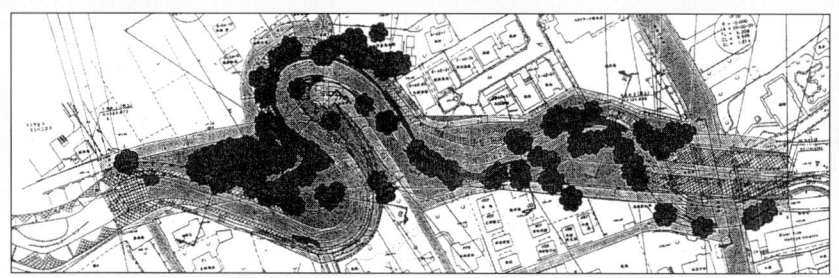

図4-3 決定案(川の蛇行と河畔林を残すことができた。黒い部分が拡幅する部分)

コラム7　治水計画と自然環境保全の例(北川)[2]

　北川は,傾山を源に宮崎県北川町を流下し河口近くで五ヶ瀬川に合流する,流域面積587km^2,流路延長50.9kmの九州を代表する清流である。1997年9月,台風19号により北川は大きな被害を受けた。堤防の破堤や無堤部からの氾濫によって北川沿いの低地面はほぼ水没し大きな被害を受けた。北川では,大出水後の再度災害の防止のため,流下能力を増大させる必要があった。これまでであれば,流下能力が不足しているところを一様断面で河床掘削,高水敷の切り下げ,樹木の伐採などが行われるが,もしそれらの改修を行えば,次のようなインパクトを与えることが

想定された。
① 河床掘削によって河床が下がれば塩分が現在より遡上し，アユの産卵場となっている瀬が影響を受ける(水質へのインパクト)。
② 現況は大きな湾曲等によって瀬および淵が連続しているが，河床をいじることにより良好な河床形態が損なわれる可能性がある(水域のハビタットへの影響)。
③ 現在の樹林帯は魚付き林としての効果をもっているので，魚付き林を伐採してしまうと魚類に影響を与える(エネルギーフロー，魚のハビタットへの影響)。
④ 環境が単調化し，北川らしい豊かな生物相に影響を及ぼす恐れがある(生物相互作用，ハビタットへの影響)。

これらのインパクトを軽減するために，さまざまな保全対策計画が建設省九州地方建設局延岡工事事務所および宮崎県により立案された(完全公開方式による北川川づくり検討委員会(宮崎大学教授杉尾哲委員長)の中で議論がなされた)。

改修の基本的な考え方は以下のとおりである。
① 台風19号による推定ピーク流量5,000m³/sを計画対象洪水とし，洪水被害の軽減を図る。
② 洪水防御方式としては，沿川に住宅が密集する下流部は連続堤方式で，洪水時の水位が大きく上昇する中下流部では超過洪水時の破堤に強く氾濫後の排水に優れた霞堤方式(連続堤防ではなく一部が不連続の堤防)を踏襲し，堤防の強化とともに，なるべく霞堤開口部の水位が低下するように河道の掘削および樹木の伐採などを行う。
③ 河川内の生物個々に着目するばかりではなく，生物の生育・生息の場をなるべく保全する。
④ 流水部については一部を除いて基本的に手を加えず，高水敷上の樹木の伐採，高水敷の一部切り下げ(平水位プラス1mの高さまで)により流下能力を確保する。
⑤ 樹木を伐採するときには，なるべく河川を本来の生育地としない樹木(杉，竹)，伐採後の回復まで時間が早い樹木(ヤナギ等)を優先的に伐採する。ただし竹林のうち水害防備林としての機能をもっているものはなるべく存続させる。
⑥ 改修後の河道の変化を予測し，維持が困難な改修方式はとらない。
⑦ 予測ができない点についてはモニタリングを行い，計画にフィードバックさせるアダプティブマネジメントの手法をとる。

以上のような基本的な考え方を実現するために，次のような検討が行われた。
① 生物調査や河床形態などの調査結果を，水域は瀬，淵，ワンド，陸域は河畔林，杉植林，低木群落，竹林，河原(植生なし)，河原(植生あり)，草地，湿地，耕作地，人工改変地に区分し視覚的に把握できるように，1/5,000の地形図におとし，環境情報図として整理した(図4-4)。
② 平面準二次元水理計算(一次元計算であるが横断方向に植生状況を区分し，樹木

の抵抗などを加味した計算手法)を行い現況の断面の水位を計算した。
③ 水位計算結果と環境情報図を見ながら，樹木の伐採箇所，高水敷の掘削箇所を何パターンか決めて，それに対する水位計算を行い，望ましい水位になるかを検討した。それでも満足するレベルに達しなければ，いく通りも樹木の切り方や掘削の仕方を変えて，自然環境の保全と治水という両者の観点をなるべく満足できるレベルに達するまで計算を繰り返す(この間に委員会においてさまざまな議論がなされた)。
④ 決定された形状について，その形状が維持できるかどうかを河床変動計算などによって検討した。

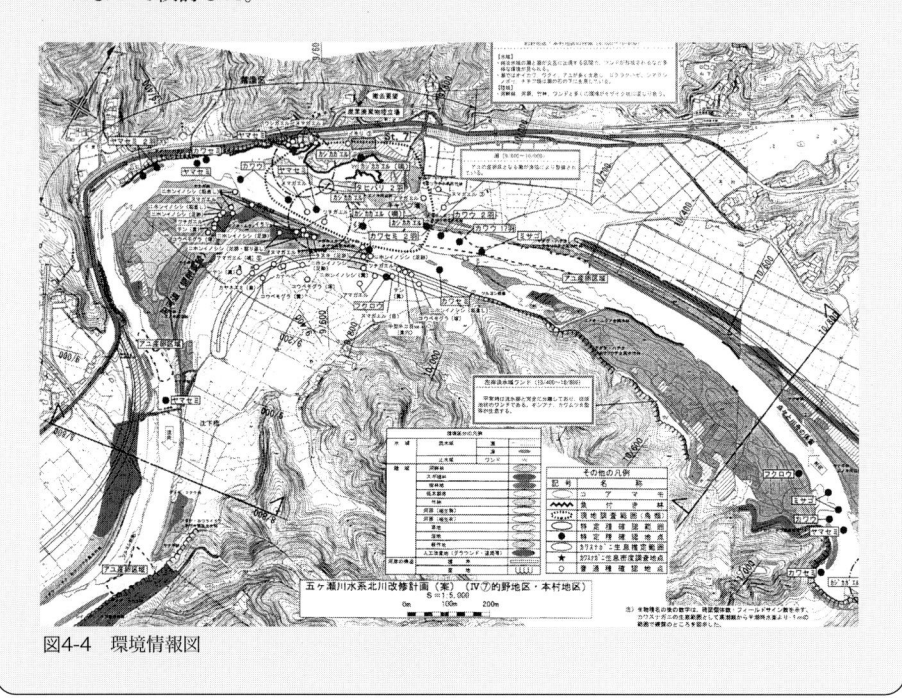

図4-4　環境情報図

参考文献

1) (財)リバーフロント整備センター：河川環境表現の手引き(案)，(財)リバーフロント整備センター，1999.
2) 建設省九州地方建設局・宮崎県・(財)リバーフロント整備センター：北川「川づくり」検討報告書，1999.

5章 多自然型川づくりの事例

　本章では，多自然型川づくりの事例を紹介する。本章の事例を分類すると，以下の6項目に分けることができる。なお，多自然型川づくりは，さまざまなねらいをもって行われることが多く，各事例をきれいに各分類の中に収めることは難しい場合が多い。

① 河道

　　瀬や淵，河道の線形などを対象とした多自然型川づくり。

② 河岸域

　　河岸およびその周辺を対象とした多自然型川づくり。護岸や水制を用い，河岸域の環境の多様化をねらったものが多い。事例数は最も多い。

③ 河畔林

　　河道内あるいは河川沿いの河畔林，樹木を保全しようとした事例である。島状に残した例(千曲川，粕川)，撹乱を保持しようとした例(梓川)，樹木を間引くことにより光環境を整えようとした例(矢作川)などがある。

④ 影響の軽減

　　治水工事などを行う際に環境への影響を極力小さくしようとした多自然型川づくり。いわゆるミティゲーションと呼ばれるものである。

⑤ ネットワーク，大ビオトープ

　　生息空間と生息空間とをつなぐ取り組み。川の流れの縦断方向のつながりを復元するための魚道の整備，生物が行き来できるようにする取り組み，大規模な生息空間をつくる取り組みなどがある。

⑥ 水量・水質

　　事例は多くないが，多自然型川づくりには水質や水量の保全・復元も重要である。

注) 本章で紹介する多自然型川づくりの事例は，財団法人リバーフロント整備センターが発刊している月刊誌『FRONT』に平成7年4月から平成10年3月まで連載した記事に加筆したものである．

表5-1 事例一覧

河川名	多自然型川づくりのねらい	ポイント
01 八東川	河道の復元	瀬や淵などの旧河道を復元。昔の地図，古老へのヒアリングなどにより昔の状況を再現。手法は参考になる。
02 精進川	河道の再自然化	護岸を取り去った美しい多自然型川づくり。放水路があり洪水負担が少なかったため，事業可能になった。
03 いたち川	河道の再自然化	単断面河道の河床一部掘り下げ。両端に盛土，水域は瀬・淵をつくった。いたち川方式と呼ばれるほど有名に。
04 加納川	河道の保全	渓流の瀬，淵の再現。自然の力利用。木材を利用した格子枠による美しい河岸処理は興味深い。
05 土生川	河道の保全・復元	河岸法勾配を変えることにより水際の微妙な入り組み形成。川を山付きのところと離さないなど計画が巧み。
06 高橋川 仁助川	河道の保全と整備	仁助川は瀬と淵の創造。高橋川は河岸の多孔質化。細粒土砂分の堆積などを考える際の好例。
07 姿川	河道の復元	河川工学的知識に基づいた低水路幅，蛇行波長の設定。多自然型川づくりにより工事費3割減。多自然型川づくりにより従来工法に比べ工事に伴うCO_2排出量1/7に。
08 宇曽ノ木川	河岸域の工夫	河岸の工夫，草刈りと自然環境を考える際の好例。
09 浅畑川	河道の復元	もともとの川が想定しにくい川での多自然型川づくり。
10 高良川	河道の多様化	多自然型川づくりの初期の試み。さまざまな工夫が行われている。
11 高津川	淵の復元	伝統工法の牛を使った淵の復元の試み。
12 緑川	河岸域の工夫	河岸に多様な環境を導入。人工素材と自然材両方を用いる工法を採用。
13 霞ケ浦	湖岸植生の復元	消波工の設置。緩傾斜堤による湖岸植生の復元。
14 四万十川	河岸の復元	四万十川では下流部においても自然の巨石が見られる。自然の形の把握が重要であることを教えてくれる。
15 北上川	河岸の工夫	大河川下流部における多自然護岸。ヨシの移植は根交じり土を建設機械で移動し成功。
16 佐波川	河岸域の工夫	巨石を用いた水制工による河岸域の多様な環境の提供。モニタリングによる事後評価が興味深い。
17 旧吉野川	河岸の工夫	旧護岸を壊しての下流部河岸の整備。美しいヨシ原復元。現場発生材をすべてリサイクル利用。

18	遠賀川	河岸域の工夫	水制工，ワンドなどによる水際空間の多様化。施工図面に注意書きなど，施工に注意を払っている。
19	子吉川	河岸域の工夫	大規模な水制工により，水衝部保護とヤナギを保全。二次元水理計算を行っている。
20	多摩川	ワンドの復元	下流に開口した，縦断的に細長いワンド造成。開口部とワンド上端の本川水位差より湧水，水循環確保。
21	淀川	ワンドの代償	治水工事で潰れるワンドの代償。現況ワンドの調査結果から水循環，規模などを決定。
22	貫川	河道の工夫	自然の力による復元力の素晴らしさを教えてくれる。
23	小田川	河岸域の工夫	川の変動のスケールと多自然型川づくりのスケールの関係を考える際の好例。
24	長良川	ワンドの保全	工事への影響軽減を徹底的に行ったミティゲーション。
25	釧路川	ミティゲーション	釧路地震後の災害復旧における，キタサンショウウオ，タンチョウ，水質，水循環，工事騒音，工事従事者への環境教育など総合的な環境影響軽減策。
26	建屋川	オオサンショウウオの保全	災害復旧工事時に発見されたオオサンショウウオの生息に配慮した。生物の生息環境から考えた事例。
27	石狩川	ミズバショウの保全	堤防建設に伴うミズバショウの生息地の保護。事例が少ない保護型の多自然型川づくり。
28	粕川	河畔林の保全	島状に河畔林を残した事例。公園の一体的整備で景観にも配慮。短い区間で河川整備の歴史を見ることができる。
29	梓川	ケショウヤナギの保全	撹乱が必要なケショウヤナギと河道の安定を図る砂防工事。両者の関係をどう折り合わせるかという事例。
30	矢作川	間引きによる河畔林の保全	洪水や人の手入れの減少により，うっそうとした河畔林を間引き，本来の河畔林の性格を取り戻す試み。
31	千曲川	河畔林の保全	河道掘削時に河畔林を残し別水路を。河畔林を島状に残した事例。
32	荒川	大ビオトープ	猛禽類サシバが生息できる生態系の復元をねらった大規模なビオトープの造成。
33	引地川	ネットワーク	道路などによる生息域の分断化が避けられ，下流までタヌキなどが移動。ネットワークを考える好例。
34	太田川	魚道の整備	サツキマス等の全魚種を対象とした魚ののぼりやすい川づくり。魚道タイプによる遡上魚種の違いが興味深い。
35	奥入瀬川	流量管理	奥入瀬川の水際まで苔むす美しさは，流量変動を抑制した流量管理による。流量と環境を考える好例。

多自然型川づくり事例──01

八東川
Hattoh gawa

所在地：鳥取県八頭郡若桜町
事業主体：鳥取県郡家土木事務所

地域住民と一体となった川づくりに力を注ぐ鳥取県。県下有数の河川・千代川の一次支川・八東川（はっとうがわ）では，治水機能を高めるために，畑地となっていた旧河道を復活。土地の古老に在りし日の川の姿を聞き，現場の自然素材を利用し，自然環境の復元に努めた結果，緑あふれるせせらぎがよみがえった。

地域と一体となった川づくり
[河川の概要]
　八東川は中国山地の氷ノ山（ひょうのせん）（1,510m）を源とし，鳥取平野を流下する一級河川千代川の一次支川である。流域面積417.3km²，幹線流路延長は39.1kmと比較的規模の大きい河川である。鳥取県は近年，自然環境や地域づくりと一体となった川づくりに力を注いでおり，地域住民と一体となった「ぢげの川づくり」でも有名である。鳥取の年平均降水量は2,018mm，梅雨季，秋雨季，冬季の三つの雨量のピークをもっている。

　八東川の改修は，流下能力の増大を目的に，河川局部改良事業により行われている。本事例は，河積が狭小で，治水上ネックと

(撮影：島谷幸宏)

なっていた若桜(わかさ)地区の多自然型川づくりである。治水機能の増大のために現在畑地となっている旧河道を派川として利用し、そこに自然環境を復元しようとするものである。流量配分は新派川約3割、本川7割である。

若桜町は過疎化が進んでおり、その対策の一つとして、八東川に隣接した公園の整備が計画されている。この箇所もその一環で、本川と新派川の間の中島は公園として整備されている。なお、水理模型実験によって分配量は確認されており、粗度係数は植生の繁茂を考慮して0.04に設定している。河床勾配は約1/100である。

八東川 ——— 47

現地での自然素材を使って旧河道を復元
[改修の内容とポイント]

　派川部は，現在全く水の流れていない農地をもとの河川に復元しようとする計画で，どのくらいの時間で，どの程度の自然が復元するか，極めて興味深い事例である。

　この計画は，当時，鳥取県郡家土木事務所の美甘頼昭(みかもよりあき)さんを中心に，意欲的に行われたものである。新派川の多自然型川づくりには，現地で発生する巨石(転石)，ネコヤナギ等の自然素材を使うことを原則としている。ただし，帯工(河床を維持するために河床に川を横断して設けられる落差を持たない構造物)にはコンクリートが用いられている。

　平成4年度末に復元された派川の延長は約700m，川幅約35m，低水路幅10〜13mで，左岸側に5〜8mの高水敷がある。高水敷上の一部には，幅1m程度の小水路「ホタルの小川」が設けられている。

　ここでは，興味深いいくつかの試みがなされている。その一つは，淵を再生している点である。淵を再生するにあたり，古老の話を聞いたり，現地の状況を観察し，昔あった場所を明確にし，そこに再生している。当初の水深は1.2mで，下流に帯工を設け，少し堰上げている。湾曲部の外岸側で岩が露出し，常に掘れるところを選んでいるので淵が維持されている。しかも岩があるので洗掘の心配もない。

　湾曲部の内岸側には土砂が堆積し，砂洲(ポイントバー)ができていた。美甘さんたちは，堰上げによる影響により淵が埋まってきたと心配していたが，湾曲部の内側は，もともと自然に土砂が溜まるところなので，淵が流れによって維持されていれば心配することはないであろう。

　河岸処理はいくつかの工法で行われていた。左岸側は自然石の空積工(からづみ)に柳をさす工法が用いられていた。石の直径は約50cm程度で5分〜1割ぐらいに積まれている。護岸高は約1mである。空石の間隙にネコヤナギがさされ，見事に活着していた。

　美甘さんの話によると，最初さしたときにはうまく活着しなかったので，柳の枝を切って水につけておき，枝から根が出てそれが30cm程度になってからさしたら，今度はうまくいったそうである。ネコヤナギなのでこれ以上大きくなることもないであろう。また，右岸側の水衝部以外は杭柵工，置石工(直径50〜100cm)または編柴工(柳を束ねたもの)を，水衝部は空石積工で河床防御を行っている。『天空の川』，『大地の川』の著者として有名な故関正和さんと相談しながら工法を決めたそうである。

　平成5年は多雨で，八東川でも何度か出水を被っている。その際，高水敷の一部は洗掘されたが，他の施設は被害を受けていない。

　また，ところどころに飛び石状の置石を設置し，自然の瀬を再現したり，もとあった樹木はなるべく残すといった工夫もしている。

見事に復元した旧河道
[整備後の状況とその評価]

　私が訪れた時は，雪解け水で流量が豊かで，驚くほどきれいな水であった。川の風景は，とても3年前に復元したとは思えないほど美しい自然的な風景である。河岸に植えられたネコヤナギは花を咲かせていた(すべて雌花だったのが残念だが)。右岸側の河岸にも樹木を残したため，まるで何年も前から川であったようだ。整然と並べられていたであろう置石も水の力で動き，自然の瀬のようにみえる。淵は青々と深く掘

八東川平面図

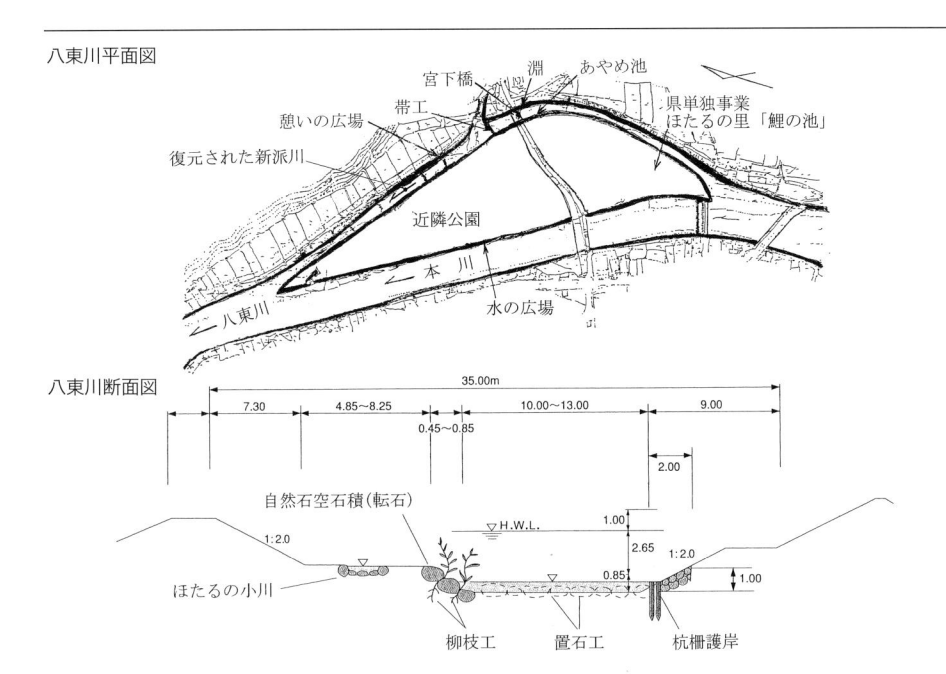

八東川断面図

れ，名前を付けたくなるようなR型の淵ができている。

　水の中に入ってみる。石を手に取り裏を見ると，水生昆虫がたくさんいる。手網で魚を捕ってみた。河岸が岩で，河岸に植物が生えているところで，ドンコの稚魚がたくさん捕れた。

　空石積みや杭柵工などのちょっとした凹凸に砂が溜まり，草が生えているようである。砂が溜まったところでは，シマドジョウが捕れた。その他，タカハヤ，カワムツ，ウグイ，ヨシノボリ，カワヨシノボリなどが捕れた。その捕れ方もかなり多いのである(私も研究者なので，もう少し定量的に言いたいところであるがうまく表現できない。とにかく豊富である)。そして空石積みや杭柵工も全く痛んでいない。思わず興奮して，この日はかなりの時間川の中に入っていた。

　時間がなくなったが，最後に無理を言って編柴工を見に行った。水の流れが速く，やっとの思いで対岸まで渡り，手で編柴工を触ってみた。柳(カワヤナギ)が立派に育ち，全く原形はわからなくなっていた。カワヤナギは5m以上にも大きくなる木なので，数年に一度は手を入れる必要があると思われる。

　八東川は自然復元の例として成功したものといえるであろう。このように早く自然が復元した理由として，次の四点がポイントである。

　① 旧河道というもともとの自然のモデルが存在し，それに逆らわず復元創造した。

　② 多自然型川づくりの工法が巧みであった。

　③ 八東川自体の自然が豊かであり，派川に供給する生物量が豊富である。

　④ 八東川自体が生きた川であり，土砂も十分供給され，水量も豊富であり，自分で自然を復元する力をもっている。すなわち，自立的である。

多自然型川づくり事例——02

HOKKAIDO

精進川
Syojin gawa

所在地：北海道札幌市
事業主体：北海道札幌現業所

札幌の密集市街地を貫流している精進川。利用者の利便を考えるために、計画段階で女性を交えて検討したり、施工会社向けの入念な講習会を開いたり、改修前の護岸に使っていたコンクリートブロックをリサイクル利用したり……。そんな、多自然型川づくりへの徹底した取り組みが実り、街中に懐かしい水辺空間がよみがえった。

自然とのふれあい区間（中の島小学校付近）。樹木の防護工にはコンクリート廃材を使っている。

改修前の精進川。ごく一般的な都市河川だった。
(提供:札幌土木現業所)

きめ細やかな計画立案と施工

[河川の概要]

精進川は流域面積15.5km²，流路延長14.2kmの札幌市街地を貫流する一級河川である。昭和41(1966)年から46(1971)年にかけて精進川放水路が完成し，多自然型川づくりが行われた区間は1.6km²の雨水のみを流下させる旧本川区間である。そのため，洪水による外力は軽減され，かなり思いきった整備が可能となっている。

また北海道では，開拓時に民有地等として分筆する際，流水幅の3倍程度を空白地として除いていた。そのため，運よく用途廃止されていない部分は，河川用地として広く残っている。その関係もあり，河川用地と周辺の公園を有効に利用し整備が行われた。

計画立案にあたり，女性を委員とした整備計画検討委員会を設立している。精進川は都市住宅地を流れる小河川であり，利用者は子供と女性が中心であるため女性を委員としたそうである。また，通常の地元説明会のほか，施工業者を対象に講習会が行われた。多自然型川づくりはまだ例が多くなく，施工業者も不慣れなため，この講習会は非常に有効であったようだ。

変化のある自然な河川風景の創出

[改修の内容とポイント]

さて，この多自然型川づくりは，住宅地における川づくりにおいて，一つのあり方を示しているように思う。それは川への近づきやすさと，風景に重点を置いた点である。一方，魚類に関しては連続性と淵が浅い点で課題がある。

精進川の多自然型改修は約3kmに及ぶもので，既設のブロック護岸を取り壊しての環境目的的な事業として注目を集めている。全体を五つの区間に分け，両岸に河畔林が繁茂し渓谷状のところを手をつけずに保全する区間，周辺の公園との一体化を図った水辺のふれあい区間などの特徴づけが行われている。

興味深い工法もいくつかみられる。特に，取り壊したブロック護岸の廃材を有効に利用した空積みの護岸，あるいは緩傾斜法面(のり)の樹木の保護のための防護工などは注目される。古くなっているのでブロックの色彩も落ちつき，石積みとはまた違った味がでている。緩傾斜化により河岸にせり出すようになった大きな樹木の下部は，このブロックを使って巻いてある。その形がなかなか美しい。

河岸沿いには一部散策路を設けたり，間伐材のカラマツを利用した丸太格子護岸を設けたり，種々の工夫がしてある。低水路には，帯工や水制工が流れの変化，淀みなどを与えるために用いてある。

また，精進河畔公園の中を流れる区間は，非常に緩やかな3〜4割勾配の緩傾斜になっており，広々とした美しい風景をみせる。川沿いを歩いてみると，これらの工法がその場の状況に合わせて用いてあり，全体としてのまとまりがとれている。そして，風景は細やかに変化する。

柳川や盛岡など古い街並みの水路や河川では，一戸一戸の家が護岸をもっており，家ごとに少しずつ護岸が異なり，それが河川や水路に変化を与えている。一方，近年の改修では，一つの断面形でかなりの区間整備をしていくため単調になりがちである。

どのようにすれば，日本の伝統的な水辺の風景をもった水辺ができるのかと思っていたところであるが，精進川ではいくつかの工法を現場の特性に応じて組み合わせて

精進川改修工事全区間平面図

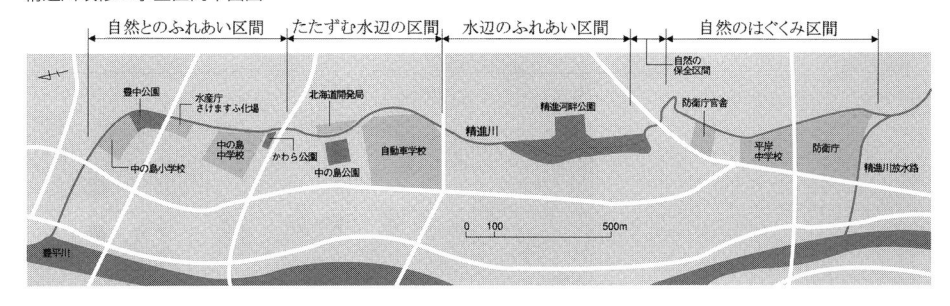

丸太格子護岸断面図

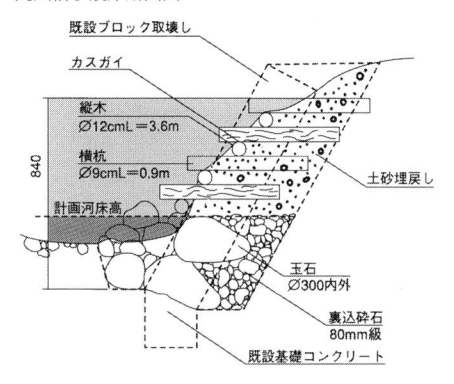

おり、そのため非常に変化のある自然な風景が生み出せたのである。それぞれの工法について標準的な断面を定め、現場を見ながら、どこにどの工法を行うか決定していったそうである。それぞれの工法間の取り付けも見事で、非常に美しい風景をみせる。川にアクセスするところが多数あるのもまた特徴である。

生態系の連続性への配慮を
[整備後の状況とその評価]

さて、水の中へ話を進めよう。手網を持って川を進む。魚類は、フクドジョウとエゾトミヨの2種のみが捕れたが、その量は極めて少ない。その他、ミズムシが極めて多いのも特徴である。いかにも小魚が棲みそうな空間はあるのであるが、その割に魚が少ない。そこで上流分派点まで行ってみた。

分派地点には転倒堰があって、その日はその上流湛水部より維持流量として20〜30ℓ/secが多自然型の区間へと流れ込んでいる。出水時には転倒堰が倒れ、魚の移動が可能になるが、多自然型川づくり完成後には転倒していないそうである。また、転倒堰下流の放水路部で魚を捕ってみたが、ここは一網入れるだけで数匹のフクドジョウやエゾトミヨが捕れ、魚は豊富であった。精進川のほうに魚が少ない理由は、おそらく次の三点にあると考えられる。

① 水深が全体的に浅く、深い部分がない。
② 放水路との分派地点が、魚が移動しにくい構造になっている。
③ 改修からまだ十分な時間が経っておらず、回復していない。

これらを考えると、以下のような改善策が考えられるだろう。

① 深いところを作る…土砂移動は少ないので、深い部分を作ってもかなりの期間維持されるであろう。

② 分派流量を増やす…放水路に水が多く流れているので、多自然型の旧精進川にもう少し流す。

③ 放水路の魚を移動させる…魚の移動が十分に図られていないと考えられるので、現在放水路に棲んでいる魚を捕獲し、移動させて定着を図る。

多自然型川づくり事例——03

KANAGAWA

いたち川
Itachi gawa

所在地：神奈川県横浜市栄区
事業主体：横浜市

すでに15年以上も前から多自然型川づくりに取り組んできた神奈川県横浜市。低水路工事の行われた都市河川・いたち川は、自然のままの趣を取り戻すことに成功した。ここでは、長期間の維持管理の中で練られてきた様々な工夫を中心に多自然型川づくりの実際をみる。

いたち川は流域面積14km²、延長9km、横浜市栄区を東から西に流れる二級河川・境川の二次支川である。源流は相模原台地上の標高153mの円海山で、一部森林となっているが、台地上のかなりの部分は宅地開発されている。下流約2km区間の沖積地は勾配が1/300〜1/800、それより上流は台地上を開析する河川で勾配1/300以上となっている。

多自然型川づくりの先駆け
[河川の概要]

ここで対象とするのは、いたち川の下流部で、昭和57(1982)年に多自然型の河川改修がなされた区間である。この区間は、昭和50年代前半に治水安全度向上のため、河道の拡幅・直線化・掘削などがなされ、水深は浅く、流れも均一で、極めて単調な環境の区間となっていたところである。いた

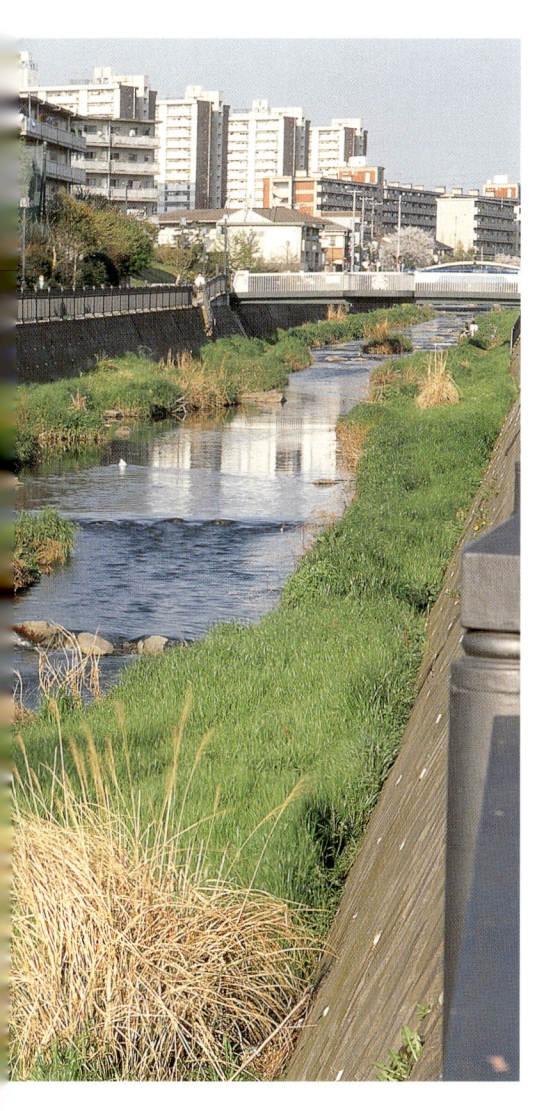

整備前のいたち川は、人工の水路といった感じだった。(提供:吉村伸一)

植物が生い茂るように植生ロールを施工する。(提供:吉村伸一)

緑がよみがえり、川で遊ぶ子供たち。(提供:吉村伸一)

ち川は、多自然型の河川整備が提唱される7年も前から自然環境向上のために、低水路の設置、蛇行形状などの河道の自然復元工法が導入されたことで有名である。すでに15年以上の年月が経過しており、大変参考になる事例である。平成4年度には、10年間で傷んだ箇所の補修工事も行われている。

自然の働きに学ぶ
[改修の内容とポイント]

この工事に携わった当時横浜市河川部の吉村伸一氏は、「河川の自然の多様な形態をよく見て、流水のデザイン、流水を中心とする周辺のデザインを行うことが大切である」と説く。横浜市で初めて行われた自然復元のための事業は、具体的には次のような内容である。

昭和57(1982)年度の整備では，台形に整正された断面を複断面化し，水の流れる低水路部と草が生える陸部を形成した。低水路の幅は昔の川幅を参考に5〜6m，深さは約80cmとしている。昭和58年施工箇所では，低水路を蛇行させ，ところどころに人工の瀬や，流れの変化と人の利用を考えた飛石工を設置した。また，水際部は直径10〜20cmの捨石により保護した。

つくられた瀬は，直径10〜20cmの玉石を河床から20cm突起させるように縦断方向に円弧状に積んだもので，木杭を打って玉石の移動を抑えている。高水敷上には張芝などの保護工はしていない。盛土をしてから数カ月で自然に草が生えたそうである。放っておくと草が繁茂しすぎるので，現在でも年に1回の草刈りを行っている。最初つくった蛇行の平面形で，特に尖ったところは，10年間で削れて自然の形になった。

平成4年度には，土を少し入れて再整備を行っている。高水敷が極端に狭くなったところには土を少し戻し，河岸をヤシ繊維籠工で保護する。連続して河岸保護工を採用しすぎると完全に流路を固定してしまうので，一部は掘れたままにし，ワンド（注：ワンドとは，低水路に接続した流速の遅い池のような場所のことで，流れの方向が変わって取り残された旧澪筋部や，水制の回りに土砂が堆積して水域が取り囲まれるなどして形成される。クリークとは，砂洲や高水敷上にある細流のことをいい，砂洲の移動により細くなった旧主流部などのことである）のようにする。これらの工夫を行っている。また，流速が速くなる高水敷上は，ヤシ繊維のネット工を用いて侵食の防止を行っていた。

無次元掃流力の求め方

$$\tau_* = \frac{RIe}{Sd}$$

R＝径深（水深を代用することが多い）
Ie＝動水勾配（流れが一様であれば水面勾配や河床勾配を用いてもよい）
S＝石の水中比重（1.5〜1.6）
d＝石の直径（単位はm）

積み重ねが生きる
[整備後の状況とその評価]

以上のような情報を得て現地に行く。河道の風景もすっかり落ちつき，護岸を除けば自然な趣である。この整備の基本は，吉村さんも言うように「制限された敷地の中で，いかに自然の形態を再現していくか」ということであろう。

自然の形の代表ということで導入した木杭と礫でつくった整備後の瀬は，今も健在である。完成後の横浜の1時間雨量の最大値は平成6(1994)年8月の82mmなので，大きな出水を経験しているといってよいであろう。

計画流量時に瀬が受ける力を求めてみよう。動水勾配が河床勾配と同じ1/400とすると，粒径10cmの石にかかる無次元掃流力は0.045である。均一に敷き詰められた砂礫が移動し始めるのが0.06以上であることを考えると，瀬の石は完全に敷き詰められていないので，多少割り引いて考える必要があるが，出水時にも動きにくい大きさとなっている。合理的に計画されていると思われる。

一方，大きな飛び石でつくった瀬も流れの変化をつけるという意味では成功しているように見えた。しかしながら，吉村さん

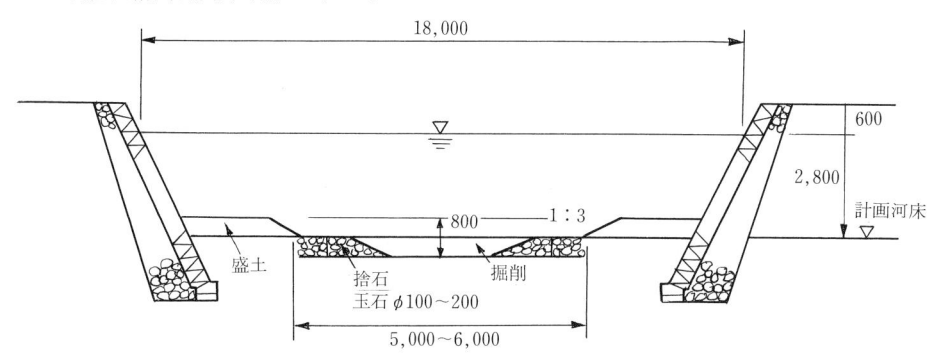

いたち川低水路標準断面図（昭和57年施工）

は「こけがついて、すべりやすく子供にとって危ない。それに大きな石なので風景的に不自然だ」と、この試みはあまりうまくいっていないと言っていた。平成4年度の再整備で残したワンド状の淀みの場所には、カダヤシやメダカが生息していた。流水部では全く捕獲できなかったことを考えると、この空間は有効なのであろう。

また、瀬前後で流速が速くなるところは、メッシュ1cm程度のネットを一部用いて覆っていた。ネットのあるところとないところでは明らかに差異が見られ、前者では土壌侵食が抑制されていた。定量的にまだ表現し得ないものの興味深い結果であった。

いたち川でも静岡県の浅畑川と同様に、ヤシ繊維籠工を用いていた。いたち川の場合は植物も生え、うまくいっているように見えた。吉村さんは、これを用いるときの注意を次のように話してくれた。

「ヤシ繊維は水につけるとへたり、高さが2/3程度になります。したがって高さの設定が難しく、水面より半分くらい上に出すようにしています。繊維の間に土が入ってきて、植物を導入しなくても自然に植物が生えてきますが、早く植生を回復させるため、あるいは特定の植物の導入のためにガマ、セキショウ、クレソンなどを植えています。低水路の水際にロールを切れ目なしに用いると、固定されすぎるので注意が必要です。また、強度が必要な場所には用いていません」

以上のように、横浜では維持管理も含めて、細かな配慮がなされながら事業が進められている。つくった後もよく観察し、よくないところがあれば、再度手を入れている。多自然型の川づくりは完成したときが出発点だという言葉を考えさせられてしまった。

なお、この区間の流水部で手網を使って魚を捕ろうとしたが、大きなコイはたくさんいたが、ほかの魚はさっぱり捕れなかった。おそらくこれらのコイが稚魚や他の魚を食べていると考えられる。魚がいかにも棲みそうなのに、全く捕れなかったことはいささかショックであった。この区間より上流部にコイがのぼれないように、水深の浅い区間がつくってある。そこより上流部の多自然型川づくりの区間には、アブラハヤ、フナ、オイカワなどが生息し、われわれにも簡単に捕れたことを考えると、生物間の関係にも配慮する必要があろう。

横浜市では、いたち川上流の和泉川・梅田川でさらに一歩進んだ川づくりが行われている。

多自然型川づくり事例——04

AICHI

加納川
Kanou gawa

所在地：愛知県豊田市
事業主体：豊田市

加納川は，山あいの温泉地を流れる小さな川。洪水で崩れた河岸の復旧にあたって豊田市では，美しい緑の水辺を取り戻すべく，コンクリート護岸に代わる手法を用いた。さらに自然の力を借りて，渓流のせせらぎも見事によみがえらせることができた。

人の手が加えられたとは思えないほど，緑の水辺が美しい加納川。もしここがコンクリート護岸だったら……？

改修箇所はステップ＆プール河道が見事によみがえり(上)，それより上流部の自然の渓流(下)と比べても遜色がない

加納川

山あいを流れる小さな川
[河川の概要]

　加納川は、矢作川水系の二次支川で、愛知県豊田市の北部を流下する流域面積約7.4km²、流路延長5.6kmの小河川である。

　この川の源である猿投山(さなげやま)は霊山として知られており、山頂周辺や山麓の社は猿投三社大明神と呼ばれて崇敬されてきた。また、山腹には天然記念物の球状花崗岩(菊石)や滝などの見どころが多く、加納川沿いには温泉もあり、ハイキングやドライブなどで親しまれている地域である。

　さて、多自然型川づくりが行われたのは、砂防指定地内の普通河川で、山間渓流部である。ここではコンクリート護岸を用いず丸太格子護岸が用いられた点、渓流地でみられるステップ&プールの再現手法が見事である点など、渓流部における多自然型川づくりを考える際に参考になる事例である。

丸太格子護岸と巨石設置
[改修の内容とポイント]

　加納川は平成3(1991)年9月、洪水により河岸が侵食、崩壊した。その復旧にあたって豊田市は、スイスで行われていた近自然河川工法を参考に、法勾配(のり)が1割～1.5割で施工できるところは丸太格子護岸を用いて復旧した。

　この工法は、長さ約1.5m、太さ15cmの丸太を約15度斜め下方向に傾けて打ち込み、その上の法の前面に丸太を流下方向に置き、それらでできた格子の中に土を入れて締め固める。締め固めるときには、格子の中に長さ75cmのヤナギの枝を敷いておく。これを何段も繰り返す工法である(図参照)。ヤナギが繁茂することによって、流水の減勢、河岸の強化を期待したもので

あり、法勾配を5分しかとれないところは、下部のみが練り石積み、上部は空石積みの護岸を用いている。

　渓流部であるにもかかわらず、このようなやわらかな工法を用いることができたのは、直上流に大きな堰堤があって、その上が大きな鈴ヶ滝池(ため池)となっているため、それほど大きな土石流の心配がないからであろう。

　この事例で、もう一つ興味深い点は、流水域の工夫である。加納川では、流水域に変化を与えるために、大きな岩を設置した。河岸沿いには護岸の根が掘れるのを防ぐために0.6～1.2mの大きな岩を置き、その他のところは河岸沿いよりもやや小さい巨石

丸太格子護岸の構造図

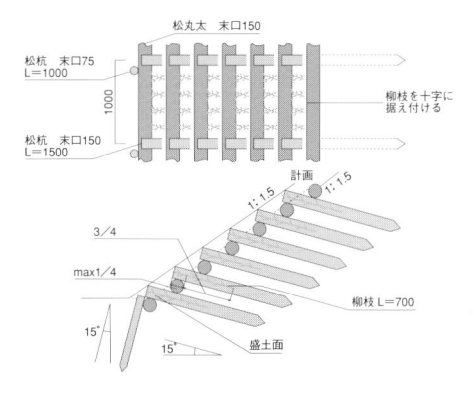

施工部分の現況 (撮影：島谷幸宏)

を並べた。出来上がってみると、巨石を入れすぎて、景観的に違和感があったため、完成してから2カ月ぐらいの間に、二度岩を間引いたそうである。

うまくいったステップ＆プール河道の復元
[整備後の状況とその評価]

現地は猿投温泉のすぐそばで、加納川は温泉沿いの道路より7〜8mぐらい下の方を流れている。苦労して河岸を降りていき、改修箇所の上流端に出る。改修したとは思えない岩組と落水、そして淵が見事である。

渓流部の特徴の第一は、なんといっても大きな岩組からの落水とその下にできる淵の組合せが織りなす環境である。このような岩組からの落水と淵の組合せがみられる渓流のことを、土砂水理学ではステップ＆プール河道と呼んでいる。岩組がステップ(階段)、そしてその下にできた深掘れ部がプールである。このようなハビタット(生物生息空間)にイワナやヤマメをはじめ、渓流を代表する生物が棲んでいる。

豊田市河川課の担当の方から、温泉の水が入っているので魚はいないだろうと聞いていたのだけれど、手網でゴソゴソとやってみる。驚いたことに、オイカワ、カワムツ、ニジマス、アマゴが捕れた。オイカワがこのような渓流部にいるというのも不思議である。温泉で水温が高いためだろうか？

ステップ＆プール河道を人工的に復元することは、なかなか難しい。人為的に岩組をしてもどこか不自然になってしまうし、岩ががっちりとかみ合うわけではないので、どうしても不安定になりがちである。

加納川では、流れに変化を与えるために、流水域に巨石を並べてステップ＆プール河道をつくっている。というよりは、自然の力を利用し、うまくステップ＆プール河道ができるようにしているのである。河岸沿いに大きな岩を、その間に少し小さい岩を設置し、出水により小さい方の岩が移動し、それらが流体力によって自然の形になっている。動きにくい両端の要となる大きな岩と、出水によって転がることができる岩が見事にかみ合い、ステップをつくったのである。

丸太枠護岸のところに来る。シダやスゲなどの植物が生えていて、とてもしっとりとした風景である。護岸があるとは思えない。完成直後から2年ぐらいは護岸に挿入していたヤナギが繁茂していたそうであるが、現在はみられない。日陰のためだろう。

これまでに、水深1.5mぐらいまでの出水は受けたそうであるが、被災していない。土の粘着力とその上の植物によって、侵食から守られてきたのであろう。たとえ多少侵食されても、掘れたくぼみの奥の流速は、丸太の出っ張りによって遅くなり(杭は1.5mもあるのだから)、侵食スピードは抑制されるだろう。木材の腐食や締め固めたときの土質、植生の繁茂状況、水中部の強度等に研究課題があるが、興味深い工法である。

このように加納川では、自然の力を巧みに利用した多自然型川づくりが行われている。

多自然型川づくり事例——05

土生川
Habu gawa

所在地：高知県香美郡土佐山田町
事業主体：高知県南国土木事務所

土佐藩の殖産興業に尽力した野中兼山(けんざん)により，物部川(もののべ)に山田堰が築かれてから，農業の盛んな町として発展してきた土佐山田町。土生川(はぶ)での事例は，圃場整備(じょう)にあわせた河川改修で，片側が段丘や山になっている河川での多自然型川づくりとしても参考になるケースだ。

土生川の豊かな緑とせせらぎ

護岸は少しゴツゴツしているが，それほど気にならない（撮影：島谷幸宏）

思わず川に入って図面を広げる南国土木事務所の吉本さん（撮影：島谷幸宏）

このような堰は，連続性にとっては課題である。魚は不思議にたくさんいた（撮影：島谷幸宏）

圃場整備にあわせて改修

[河川の概要]

　土生川は高知県土佐山田町油石を源とし、高知平野を流れる国分川の支流で、流域面積5.66km²、流路勾配1/200の小河川である。多自然型川づくりが行われたのは、国分川の分流点から上流約1.1kmの圃場整備が行われた区間である。右岸側には水田が広がり、左岸側はこんもりとした樹木が茂る崖と接する。この崖は高さ約10m程度の台地との境界である。

　この台地は、江戸以前は水利が悪く、農地の開発が遅れていた。寛永年間(1624～1643)の頃、野中兼山が物部川扇状地の扇頂部に山田堰を築き、大規模な灌漑工事を行った。これにより台地上は水田化され、約3万石を得たのである。その山田堰は現在では改築され、旧堰の一部が物部川の高水敷上に保存されている。

　ここで紹介する多自然型川づくりは、圃場整備にあわせて行われた事業で、全国的にもよく実施されるパターンである。圃場整備にあわせた河川改修で一般的にとられる手法として、次のようなものがあげられる。

① 農地整形が行われるので、あわせて河道の直線化がなされる。
② 取排水施設の統廃合が行われる。

　多自然型川づくりの観点からみると、特に①は、河川の単調化や周辺緑地帯から遠ざかる、また②は、取水堰の統合により1カ所の落差が大きくなり連続性を阻害しがちである、などの課題を抱えている。

田舎の小川を創る

[改修の内容とポイント]

　土生川の多自然型川づくりは、この課題をうまく乗り越え、周辺の環境と連携を図りながら、シンプルな思想のもとに行われている。土生川が目指す姿として次の三点があげられている。

① 緑豊かで様々な生き物が棲める川
②「田舎の川」らしい水の流れや風景
③ 水遊びや魚捕りができる水辺

　高知県南国土木事務所の谷岡孝雄さんの話によると、農地を流れてくるので、それほど水質はよくないが、流量はまあまあるという話である。

　具体的な整備手法は、以下のとおりである。

① 右岸側の水田との境は直線となっているが、法勾配を変化させることにより、川の蛇行をなるべく残すようにする。
② 左岸側の崖から川を離さないようにする。
③ 護岸は下部のみ空積みで行い、セキショウやネコヤナギをさす。下ほど大きな石(直径1m程度)を置く。
④ 石は乱積みにし、面を揃えない。
⑤ 崖からの地下水を遮断しないようにする。
⑥ 流路には自然石を適当に配置し、流れの緩急を再現する。
⑦ 護岸が必要な所は護岸を行い、水衝部は法勾配を急にする。

現実と理想の見事な調和

[整備後の状況とその評価]

　南国土木事務所の吉本さんに案内してもらい、土生川を訪れる。胴長をスーツの上に着込み、手網を持って川の中に入る。完成してから2年しか経っていないが、改修したのかどうかわからないほど緑や流れが回復している。線形にも工夫され、崖線から離さなかったため、特に左岸側はこんもりとした緑が美しい。水質も話に聞いていた印象よりずっとよく、透き通っている。流量も比較的豊富である。右岸側の乱積み

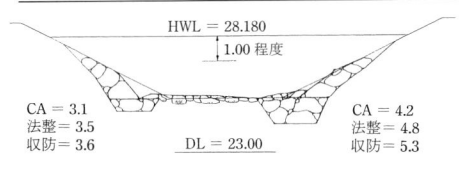

```
HWL = 28.180
        ↕ 1.00 程度
CA = 3.1                    CA = 4.2
法整 = 3.5                   法整 = 4.8
収防 = 3.6      DL = 23.00    収防 = 5.3
```

一部広くなった所の横断図。
空積み護岸は下に行くほど大きな石を置いている

の空積み護岸は思ったよりも大きい(直径1m以上あるだろう)。石の面を揃えていないので少しゴツゴツした感じがするが，草や柳が茂り，それほど気にならない。

ここを設計した小松洋石(ようせき)さん(高知県職員)は，「石の面を揃えると人工的な感じがするので，業者に石の面を揃えないように指示しました。水際線も入り組みができるように法の勾配を適当に変え，蛇行もそのようにして工夫しました」と教えてくれた。私は個人的にはゴツゴツした石の面が出るのはあまり好きではないが，うまく草が生えるとさほど目立たないので，これも一つのやり方なのであろう。

流れの中に適当に配置された石もその回りが少し掘れ，魚が群れている。不自然な感じはしない。河床には砂洲が回復してきており，砂洲による瀬と淵が流れに変化を与えている。

手網で川岸や石の回りをゴソゴソとやってみる。カワムツやフナの稚魚，ミズカマキリなどがたくさん捕れる。愛媛県の小田川と同様，四国の川はまことに魚影が濃い。「本当に魚が豊富ですね」と小松さんに話したら，「まだまだ不満だ」と言っていた。確かに深みがまだ十分に回復しておらず，そういう意味では大きな魚が棲みにくいのかもしれない。

このように，土生川の多自然型川づくりは圃場整備と一緒に行う河川整備として，また，片側が段丘や山になっている川の例として，大変参考になる。

圃場整備と一緒に河川改修を行うと，どうしても直線化しがちであるが，残地をうまく利用し，また，崖線となるべく離れないようにしている。河道の直線化が河床の形を平坦にし，平瀬化につながるので，蛇行をいかに残すかがキーポイントになるが，ここでは上手に解決している。また，崖線と離さなかったため，川が暗いままで残っている。河川改修をするとどうしても川が明るくなりがちであるが，ここは鬱蒼とした木が多分に残っている。水面に覆いかかる樹木は水温の上昇を抑え，虫の住みかとなり，魚類への餌となる。河川生態系にとって重要な環境である。

水衝部は護岸を急にして立てている。この工法は，護岸の見える面積を小さくする，面積が減るのでコストの面で安価，また，なにより天然の水衝部河岸形状は一般に立っているなど，種々の点から合理性が高い。一般に，法勾配が急であると，近づきにくい，生物が移動しにくい，などと悪い点が強調されがちであるが，必ずしも悪いとはいえないのではないだろうか。

一つ難点をいえば，取水用の堰に魚道がなく，連続性が十分確保されない点である。

土生川の多自然型川づくりは規模も小さく，そばに行ってもほとんど目立たず，何もやっていないように見える川づくりである。再生が困難な崖線との関係はしっかりと保全しながら，再生がある程度可能な河岸や流水部にはうまく手を加えている。また，掘込(ほりこみ)河道，周辺が農地，片側が山付きであるということも念頭に置いて護岸強度の決定を行っている。そのへんのリアリズムと理想主義との調和の見極めが見事である。秋の日差しの中で，いつまでも川の中で魚捕りをしていたくなるような，水面のキラメキが魅力的な川である。

多自然型川づくり事例——06

高橋川（Aゾーンを上流から望む）

高橋川（提供：富山県）

高橋川
仁助川

Takahashi gawa
Nisuke gawa

所在地：富山県黒部市
事業主体：入善土木事務所

　北アルプスの立山連峰と後立山連峰の間を流れ下る黒部川。豊かな雪解け水がつくった扇状地の上を，高橋川とその支川・仁助川は流れる。黒部市の総合公園と一体となった整備計画により，人々が気軽に足を運べるようになった水辺空間。安全で美しい川づくりに，住民も積極的に参加している。

　多自然型の川づくりについての事例を解説するのはなかなか難しい。なぜかというと，一つには，改修後十分な時間が経過していないため，自然環境の変化や出水による耐力について十分に読みとれないこと。そして，改修前の状況がよくわからないので，過去との比較が難しいこと。訪れるのは1日か2日なので，時間経過の中の，ある点でしか見ていないことなどをあげることができる。裏返して考えてみると，以上述べた点が，多自然型の川づくりを評価するうえで，着眼点の一部になるように思う。

流量が豊富で安定した川
［河川の概要］

　さて，ここで紹介する富山県・高橋川の多自然型川づくりは，のびやかな美しい風景をみせる。しかし，これまで紹介した河川とはまた異なる状況がみられた。それは，河岸部への汚泥の堆積の問題である。その原理については一応の説明がつくが，その対応策については後述する。なかなか難しいのが現状である。

高橋川（立野橋から上流付近）

仁助川（黒部市立美術館付近）

高橋川・仁助川 ——— 67

高橋川は、黒部川が形成した黒部扇状地上を流下する二級河川である。流域面積9.9km²、計画高水流量は100〜110m³/sec (1/50)、河床勾配1/180〜1/800の比較的急流の中小河川である。黒部川により運ばれた礫上を流れるため、高橋川の流水エネルギーでは、これらの河床材料を十分に動かすことはできず、大規模な河床の変動は生じにくいと考えることができる。

河床の変動の主役は、農地や市街地から流下してくる砂分と、流域からの有機分が中心である。伏流水が流入し、平常時の流量は豊富で、平水流量3.2m³/secと計画高水流量100m³/secとの比は約30と小さい（一般の中小河川では数百から1,000程度である）。日本の河川には珍しく、流況の極めて安定した流量の豊富な河川である。

高橋川は、農地および黒部市街地を流下し、農業用水および市街地排水が流入する河川である。黒部市は、水質には非常に気をつかっており下水道処理に砂濾過による三次処理まで施し、高橋川に放水している。しかしながら、下水道普及率は17％とまだ低く、BODは3mg/ℓ程度である。また、トゲウオ科のトミヨが生息する河川でもある。

住民参加の水辺づくりを実践

［改修の内容とポイント］

高橋川の多自然型川づくりは、「ふるさとの川モデル事業」の中で行われた。整備の基本方針としては、①治水安全性の確保と多自然化への配慮、②総合公園との一体的整備と交流の場の創出、③自然豊かな水辺環境の創出、④安心して遊べる水辺空間の創出、⑤市民参加の水辺づくり、の五つをあげている。

この事業は、高橋川700m区間とその支川・仁助川1,000m区間が対象となっている。全体を五つのゾーンに分け、それぞれのゾーンに特徴を与えている。市総合公園と一体となった整備計画のため、空間に余裕があり、川幅を大きく取り、開放的な空間を確保したCゾーン、「魚の島」を設け、交流の場を創設したAゾーンなど、空間を利用した特徴づけが行われている。

基本断面は、芝法面（左岸2割勾配、右岸2割〜5割勾配）と石積み低水護岸（5分）、その前面に直径1m程度の石を用いた置石工が約3m幅で縦断的に設置されている。この置石工は生物の生息空間を確保し、かつ、人が歩ける空間を提供することを目的としている。

また、ここでは芝地や親水施設の管理は地元住民が行っている。富山県入善土木事務所の河川班長の大井一之さんによると、「ふるさとの川モデル事業を契機に、高橋川を愛する会ができました。その方々が熱心に親水施設の管理、芝を含めた草刈り、ゴミの清掃などをやってくれています。いつもきれいでとても助かっています」と、管理における住民参加の様子を話してくれた。

実際に行ってみると、公園と一体になった広々とした開放された空間が美しい。公園との一体整備の有効性が実感できる。天端法肩に丸みをつけてあり、柔らかい印象を受ける。流量が安定しているため、低水路にはバイカモが繁茂する。仁助川では水際線ギリギリまで植物が繁茂している。これも流量が極めて安定しているためであろう。

地域の協力のもと、もっと美しい川に

［整備後の状況とその評価］

仁助川下流部には、感潮区間の一部を

高橋川・仁助川整備計画図

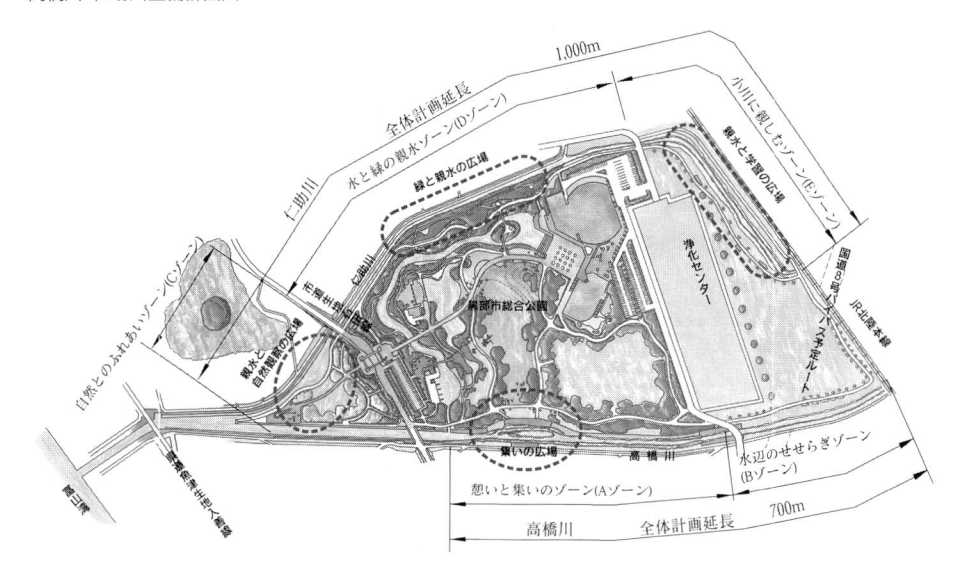

10m以上広げて，河岸に沈枠工を用いて池にした所がある(Cゾーン)。ここの河岸沿いに，萱場主任研究員と2人で挟み撃ちにするように手網を入れてみた。そうすると，トミヨがたくさん捕れた。この池には水生植物が生育し，そこで，高橋川本川ではほとんど見られなかったトミヨが産卵しているようである。トゲウオ科は巣作りをし，産卵することで有名で，湧水のある場所に生育するといわれている。

一方，高橋川本川の河岸沿いの置石工の間には，多くの有機物が堆積し，ヘドロ状になっていた。そのため，ウキゴリを除き，ほとんど魚が生息していない状況であった。これは，上流の川幅に比べ拡幅したため，流速が低下し，特に流速の遅い河岸置石工沿いに堆積したものと考えられる。ヘドロ状に堆積していたのは，有機物の堆積速度が分解速度を上回り，酸素の供給が十分でないためと考えることができる。有機物が多く流下する河川では，川幅を広げすぎたり，一部を局部的に広げると，同様の現象が生じると考えられる。

この対策としては，置石工を設置する際に，もう少し隙間を空けて水の循環を促進する，流速が低減する箇所をなくす(低水路幅をもう少し狭める)，水質浄化を進める，などが考えられる。しかしながら，どの程度の流速があればよいのか，どの程度循環を図ればよいのか，などについて，定量的に示すことが十分できないのが現状である。

高橋川では今後，下水道処理が進み(三次処理までやっている)，この問題は改善されると思われる。高橋川流水部では多くのアユやウグイが捕れ，バイカモが咲いており，流水部での問題は生じていない。

高橋川・仁助川——69

多自然型川づくり事例——07

姿川
Sugata gawa

所在地：栃木県宇都宮市鷺の谷
事業主体：栃木県宇都宮土木事務所

宇都宮市の西部を流れる姿川。治水安全度の確保のために昭和26(1951)年から進められている改修工事に，多自然型河川工法が採り入れられたのは平成7(1995)年である。これまでとは設計思想も工法も全く異なる川づくりへの取り組みは，試行錯誤の連続。のどかな田園風景のなか，姿川は，子供のための博物館施設と連動した自然学習の場に生まれ変わりつつある。

多自然型工法で工事費3割減，CO_2 1/7に

[河川の概要]
　姿川は，栃木県の中央部，宇都宮市の新宇都宮県立自然公園に源を発し，市街地西部を流下して，小山市で思川に合流する，利根川水系の一級河川である。同県平野部

上流の従来工法区間

のほぼ中央を貫流しており，流域面積141.7km^2，流路延長40.2km，計画流量430m^3/sec，河床勾配1/350の中規模の川である。
　日光・今市地方の一部に降った雨を集めて流れるこの川は，もともと水量が安定し

70 ——— 多自然型川づくりの事例

姿川の旧河道(提供：プラス・エム(株))

とから名付けられたというものである。
　さて，栃木県では，平成4(1992)年度に「多自然型川づくり研究会」を発足し平成6(1994)年度にはガイドラインを作成するなど，積極的に多自然型河川工法に取り組んでいる。昭和26(1951)年から中小河川改修事業を実施している姿川では平成7(1995)年度より多自然型河川工法を採り入れている。多自然型川づくりを行ったことにより，これまで行われていた通常工法よりも工事費が約3割安くなり，工事実施(コンクリート等の材料製造時の排出量も含む)時のCO_2排出量は1/7となった。

旧川は河川公園として整備
[改修の内容とポイント]
　多自然型川づくりが実施された鷺の谷工区は「栃木県こども総合科学館」に隣接している。この工区では，蛇行部のショートカットが行われ，旧川は河川公園として利用されることになった。従来の川幅は約15mだったが，今回の改修により53mに拡幅され，河床は約2m切り下げられた。
　また，従来工法では，低水路の深さが2m，幅が35.8m，高水敷の幅が5mの複断面河道であったが，多自然型川づくりでは，低水路幅29m，法勾配（のり）が3割（左岸）と5割（右岸）の単断面河道となり，幅約15m，深さ1mの低々水路が設けられた。

木工沈床。ブロックによる護岸

ておらず，第二次大戦後，水源付近にダムが建設されるまでは，田植え時の水争いもあったという。
　なお，姿川の名の由来には諸説あるが，その一つは，この地方で熊蜂退治の秘法を行った弘法大師の姿が川面に映っていたこ

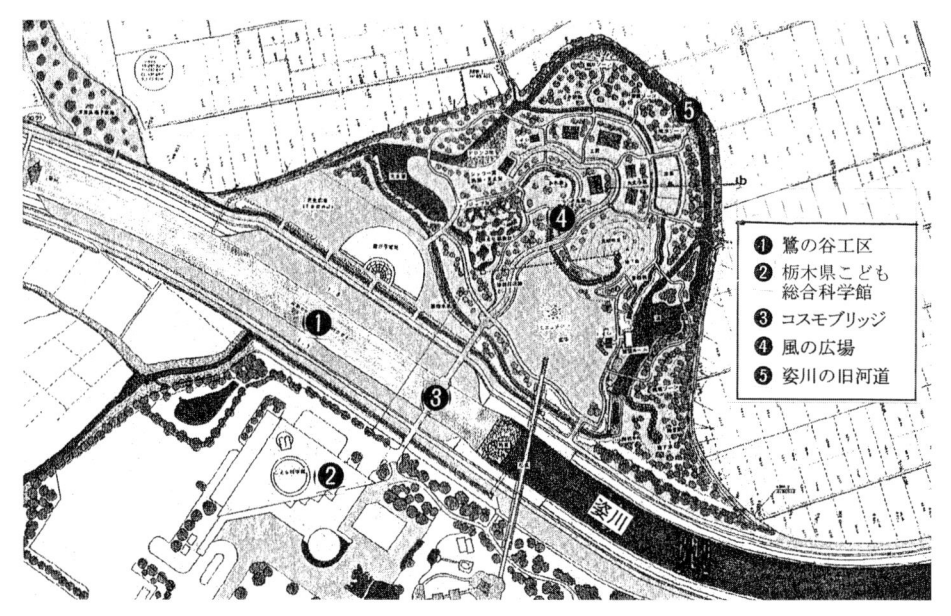

| ① 鷺の谷工区
| ② 栃木県こども総合科学館
| ③ コスモブリッジ
| ④ 風の広場
| ⑤ 姿川の旧河道

整備区間の平面図。蛇行部をショートカットし，旧川の内側は河川公園「風の広場」として利用している

これまでブロックによる護岸がなされていた計画高水位以下の工法は，今回は低水路のみが石張りネット工法（金網に直径30cmほどの石を接着剤で固定したものを埋め込んだ物）で行われ，堤防は張り芝で処理されている。低々水路の水際部は，植生を回復するために植生ロール（ヤシ繊維籠）が設置されている。石張りネットは，低水路部の侵食防止と，石により流れを弱め，石の間に土砂の堆積を促進させることをねらったものである。

低水路法線は，砂洲ができたときにその移動が抑制されるように，低水路の流心線の折れ曲がり角度を30度とし，蛇行波長を約120mに設定している（図参照。なお，従来の研究では，折れ曲がり角度が20度以上になるときに砂洲の移動が停止するといわれている。詳しくは囲み記事参照）。また，水理的にみて姿川では，砂洲が十分には発達しないと予測される。

低水路は蛇行させるだけでなく，2カ所を凹ませ，淀み域を形成している。水際部の植生は，改修前にあったツルヨシを中心に，再生を図っている。

改修前の川の姿に近づく
［整備後の状況とその評価］

さて，現場を訪れる。こども総合科学館と河川公園「風の広場」を繋ぐ橋「コスモブリッジ」の上に立つと，上流に従来型の工法を，下流側に多自然型工法をみることができる。両者の風景は驚くほど異なる。上流側が固い印象を受けるのに対し，下流側は柔らかい風景である。特に，右岸側の法勾配5割の堤防はとてもなだらかで，人が近づきやすい印象を受ける。蛇行波長は低々水路幅の約8倍で，ゆるやかに曲がっており，自然的印象を受ける。

水際には意図したとおりツルヨシが繁茂している。石張りネットには土が被せてあ

り，特に違和感はない。低水路を凹ませてつくった淀み域には湿性植物が生えている。

川の中に入ってみる。植生ロールの下は空間になっていて，そこに手網を入れてガサゴソやると，15cm以上あるフナをはじめ，オイカワ，タイリクバラタナゴなどがたくさん捕れる。彼らのよい住みかになっているようだ。投網を打ってみる。フナ，オイカワのほか，カマツカ，ウグイ，ドジョウが捕れる。魚の多い川である。

栃木県は，姿川の多自然型川づくりを計画する際，低々水路の幅は，平常の流量時（豊水流量や平水流量）にある程度の水深（25cmを目安に）を確保できるように，また，低々水路の法線は，低水路幅の中で30度の折れ角で振れるように，曲がり具合を決めている。

低々水路幅はその結果，約15mとなっている。これは改修前の姿川の川幅とほぼ同じである。川が元の川幅に戻ろうとする性格があることを考えると，この計画には合理性があるといえよう。

また，自然の川の蛇行波長は，おおむね2, 3年に1回程度起こる出水時の川幅の10倍程度である。今回の計画では約8倍である。それほどかけ離れた値ではなく，不自然な姿にはなっていないと思われる。様々な検討を行った結果は，元の川の姿に近くなっている。現在の形は将来的にも維持されていく可能性が高いと思われる。

なお，大きく蛇行していた旧河道は，現在，公園の一部として利用されている。蛇行部を多自然型川づくりのなかで活かすことは，用地の面から考えて十分可能であったと思われる。大きな蛇行と河畔林のある旧河道は，環境的にポテンシャルが高い。また，これらの環境要素はいったん失われると再生が難しいので，蛇行部を活かしたまま本川の一部として活用していれば，さらによいものになっていただろう。

姿川の多自然型川づくりは，公園と隣接していることもあって，堤防は人の利用や景観を優先し，低水敷から低々水路にかけては，生物を中心に考えられている。

現地を案内してくださった栃木県河川課の飯村主幹が，「島谷さん，数年前までは，コンクリートで固めた真っ直ぐの川が美しいと思っていましたが，最近は草や木が生えている自然的な川が美しいと思うようになりました」と，しみじみと話してくれた。

多自然型川づくりへ大きな一歩を踏み出した，栃木県の次の事例が大いに楽しみである。

蛇行と瀬と淵の移動

流水の作用によって土砂が移動し，川の中には砂洲ができる。自然堤防地帯ではふつう，この砂洲が交互にでき，二つの砂洲で一つの蛇行を形づくっている。砂洲の長さは川幅によって決まり，交互に砂洲ができるところでは，川幅の約5倍程度といわれている。

砂洲は，蜂の羽のような恰好をしている（図参照）。羽の先は一段と高くなり，そこから急に落ち込んだような形になっていて（水中安息角と同角だといわれている），そちらを下流に向けている。この斜面は，水が走り白波立って早瀬となり，そこから落ちたところが淵となる。

直線河道では，出水のたびに砂洲は下流に移動し，それとともに淵の位置も移動する。淵のところは深く掘れるが，魚の良好な生息環境のためには，ある程度の深さの淵がほしいので，多自然型川づくりでは掘れることを許容し，護岸の根も土中深くまで入れなければならない。しかし，砂洲と淵がたびたび移動すると，すべての箇所に護岸が必要となるし，コスト的にも高くなってしまうので，砂洲の移動を抑制し，それには川を曲げる必要があるが，その場合，流心線の折れ曲がり角度は20度以上ないといけないといわれている。

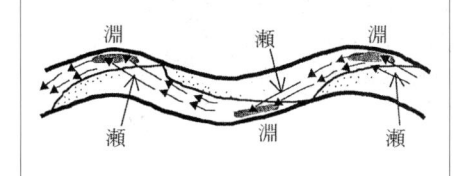

多自然型川づくり事例——08

KAGOSHIMA

宇曽ノ木川
Usonoki gawa

所在地：鹿児島県姶良郡加治木町木田
事業主体：鹿児島県加治木土木事務所

動物をテーマにした児童文学で知られる椋鳩十が暮らした町，加治木。この町を流れる宇曽ノ木川は，鹿児島県でいち早く多自然型川づくりが実施された川だ。野鳥が憩い，魚が群れ泳ぐ人里の川……。春になったら，子供たちも戻ってくるだろう。

低水護岸は自然石の空積みで，水際は根固めに木工沈床工を施している。木工沈床の空隙は魚などの住みかとなる

コサギが魚を捕まえた。水深のある所は魚影が濃い

宇曽ノ木川

シラス台地を流れる川
[河川の概要]

　飛行機が高度を下げ，鹿児島空港に近づくと，眼下に緑豊かなシラス台地が広がる。いくつかの川が台地を深く削り，その両岸には狭い水田が連なっている。所々に，シラス特有のほとんど直立したむき出しの崖面が見える。さらに飛行機が高度を下げると，それらの川の形づくった平野が広がっているのが見える。

　宇曽ノ木川は，このようなシラス台地を水源としており，鹿児島県で最も早く多自然型川づくりに取り組んだ川である。

　宇曽ノ木川は，流域面積約26.6km^{2}の小河川で，二級河川網掛川の一次支川である。本川である網掛川は，流路延長22km。鹿児島湾奥に位置する交通の要衝・加治木町を流下し，台地面と平地面の境界には，日本の滝百選にも選ばれた高さ46m，幅43mの竜門滝が見られる。

　南九州特有のシラス台地は保水力に富む。平常時の流量は100km^{2}当り2～3m^3/secといわれており，本州の河川の2～3倍にもなる。しかし，いったん大雨が降れば，劣化した崖面の崩壊が一挙に進み，大量の土砂が流出してくる。シラスは粒径が小さく比重も軽いので，水に流されやすい。そのためか，川が台地から平地へ出る場所に明瞭な扇状地は発達していない。

河岸域を中心とした改修
[改修の内容とポイント]

　宇曽ノ木川の多自然型川づくりは，治水のための河川改修に伴って行われたもので，1995(平成7)年に工事を完了した。断面確保のための1～1.5mの河床掘削およびそれに伴う低水河岸保護工の整備が主たる改修内容で，その際，河岸域を中心に多自然型工法が導入された。

　従来の中小河川の改修方法で，自然環境に対するインパクトが特に大きいものは，河岸域の淀みや植生帯の減少，流水部の流れの単調化であろう。流水部の流れの単調化(すなわち河床掘削や河床整正によって川底が平らになり，いわゆる瀬や淵などの流れの変化がなくなること)は，たいていの場合，流れと土砂の相互作用によって自立的に元の構造へと復元する。時が経つにつれて河床の形態は変化し，砂洲が発達したり，川幅が縮小することによって，流れに変化が戻ってくることが多い。

人との関係性を前提とした川づくり
整備後の状況とその評価

　さて，鹿児島県河川課の知識博美技術主幹と一緒に現場を訪れる。

　まず，シラス台地の上の上流部を見に行く。台地上から7～8m下に宇曽ノ木川が流れている。水はとてもきれいで，河床や河

施工箇所の断面図

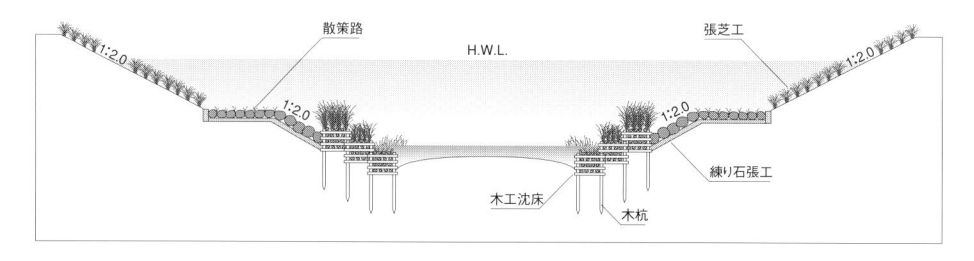

岸には岩が露出し、大きな淵が形成されている。シラス台地を侵食している川、というのを感じる。

　台地上から多自然型川づくりが行われた所に下り、川の中に入る。砂洲が少し形成されており、瀬も見られるが、全体に水深が浅く、手網を使っても魚は捕れない。河床沿いの木工沈床の上には土が被り、ヨシで覆われている。河床の石を拾い上げてみると、カゲロウがたくさんいる。

　さらに下流に進むと、大きな角張った石が並んでおり、瀬になっている（人が積んだのであろうか？）。そこから下流は深くなっている。深くなった河床植物帯沿いで手網を使ってみると、カワムツかウグイの稚魚がたくさん捕れる。知識さんも「ホウ」と感心して見ている。

　さらに下流に進むと、オオフサモが青々と茂っている。左岸の木工沈床沿いが深くなっており、カワムツ、オイカワ、ヨシノボリが捕れる。河床が砂になっている所を手網で河床材料ごと掻き取ると、カマツカの稚魚が入っている。水深が少し深くなるだけで、魚の棲息状況がこんなにも違うのである。知識さんは、「土木研究所の調査は簡単なものですね」と驚いている。本格的な調査はこのようなものではないが、「川の中に入ると、河床の状況や流れの状況がよくわかりますよ」と答えておく。

　宇曽ノ木川では、左岸沿いの堤防は人家が近く、草刈りがしてあるが、右岸側はほとんど草刈りをしていない。右岸沿いはヨシやオオフサモが茂り、カモやコサギ、バンなどの姿が見えた。一方、左岸側は水際のすぐそばにヨシが茂っているが、それ以外の場所は人が近づきやすくなっている。

　人が住む場所での多自然型の川づくりは、人との関係性を前提とした川づくりが基本となる。そういった場所では、原始の自然を復元することには無理があり、いわゆる人間との関係をもちつつ、なるべく川本来の自然の営みも許容した二次的自然の川、里の川といった概念の川づくりが必要なのであろう。宇曽ノ木川の左右岸の違いを見て、このように考えた。

多自然型川づくり事例——09

SHIZUOKA

浅畑川
Asabata gawa

所在地：静岡県静岡市
事業主体：静岡県島田土木事務所

浅畑川は静岡市街地の北部の浅機低地を流下する小河川である。縄文時代前期の浅機低地は，現在の清水港に連なる駿河湾の一部で，近年まで沼沢地で水はけの悪い土地であった。浅畑川が合流する二級河川巴川は総合治水で有名であるが，安倍川扇状地，有渡丘陵などにはばまれ静岡市内を南流することはできず，東流し，清水港へと流れる。このような地形条件から，巴川は極めて水はけが悪く，駿河湾へ直接抜く大谷川放水路や遊水地などによる総合治水対策が行われてきたのである。

はヘリポートの調節池に隣接している。従来河道は単断面でほぼ直線，周辺部に樹木もなく比較的単調な河川である。この多自然型川づくりでは，年超過確率1/5の治水安全度を確保することを目的としている。なお，遊水地の一部を浅畑川の河川区域に取り込むことにより，多自然型川づくりに際しての用地買収は必要としていない。

できるだけ人の手を排す
[改修のポイントと内容]

　浅畑川の多自然型川づくりは，当時静岡県島田土木事務所の富野章さんを中心に平成3(1991)年度にその案が練られ，平成4年度に施工されたものである。改修の基本となっている考え方をまとめると次のようになる。

　① 現況の単調な河川を多様性のある自然豊かな川へ
　② 極力人の手を排して，自然の再生を待つ
　③ 遊水地・調節池などの隣接した空間と水と緑のネットワークを図る

　多自然型川づくりの手法は，保護・復元・創造的復元・ミティゲーション（なるべく自然環境への影響を小さくしようとする手法）などに分類することができる。浅畑川は元の川がすでに一次改修され，しかも現況があまりよい状態になく，モデルとすべきものがないので創造的復元の整備手法といえる。

　平面計画はゆるやかな蛇行を基本とし，従前の自然のままの流路を推定し，緩流河川独特の曲がりをモデルとする。一部には中の島を設け，多様化を図る。特に屈曲部はあらかじめ拡幅する。横断形状は，流水の疎通に必要な断面より広くとり，低水路を設け，すべての場所で少しずつ異なるように設定する。低水路河岸は，空石積みあるいは蛇籠工＋ヤシ繊維籠工によって固定

遊水地と一体的に整備
[河川の概要]

　浅畑川の改修は昭和47(1972)年に都市小河川改修事業として着手され，素掘りによる暫定一次改修がすでに終わっている。流域面積約2.4km^2，河川延長1.4km，河床勾配1/2,200，BOD4mg/ℓ程度，川幅十数mの掘込河道である。

　浅畑川の右岸側は麻機遊水地に，左岸側

されている。ヤシ繊維籠工とは，ヤシ繊維を直径30〜60cmのナイロンネットの中に充填し，チューブ状にした護岸工である。

流れに変化をもたせるために，流路の直角方向に自然石を並べる。その下流が掘れすぎるのを防ぐために，さらに1m以上の深さのところに捨石あるいは石組を行っている。置石の際には直線的にならないように工夫してある。

小さな支川との連絡のために，低水敷上に石組による小水路を設け，支川との大きな段差が生じないように2段でつないで，隣接する水辺との連絡を図っている。

断面内には小木や草本類が生えてくるので，粗度係数は0.045で設定してある。

このように様々な工夫がなされている。計画の概要をかいつまめば以上のようになる。

これらの情報をもとに，私たちは浅畑川に向かい，実際に川の中に入り，魚を採捕してみた。完成しているのは，図面の上流側の半分だけであり，まだ改修の途上であった。

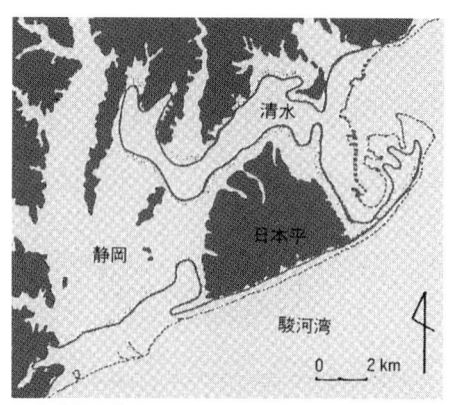

縄文前期の静岡周辺（『巴川洪水氾濫予想地図解説書』より）

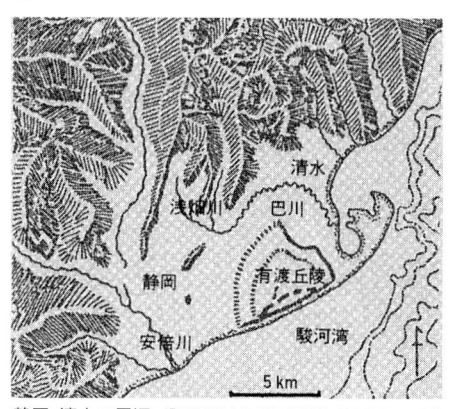

静岡・清水の周辺（『巴川洪水氾濫予想地図解説書』より）

ビオトープを軸にした独特な創造型

[整備後の状況とその評価]

浅畑川のように従前の環境にあまりよいところがない河川では，多自然型川づくりの手法は創造的復元にならざるを得ない。その際，何を規範として計画を立てるかが課題となる。従前の環境があまりよくなくとも対象とする河川本来の特性に基づくことが基本となる。浅畑川では，基本的に地形的・治水的・環境的な過去の経緯や特徴をよく踏まえている。やわらかな蛇行，ゆるやかな法勾配，植物群により美しい自然的な風景をみせる。

計画論におけるもう一つの特徴は，特定の生物種を対象とせず，空間の形態のみを計画対象としている点である。多自然型の河川整備では，水質・水量などを除けば，生物を対象とするやり方と空間の形態を対象とするやり方の2通りがある。そして，それらが組み合わされ用いられることが一般的である。空間のみを対象とする方法も一手法であり，このようにもともとが単調な河川の場合，その場所にはもともといなかったシンボル生物を計画対象とする必要はない。

平面計画や縦・横断計画にも工夫がなされている。今回訪れたときには，下流端が

浅畑川平面計画図（『「多自然型川づくり」への取り組み』より）

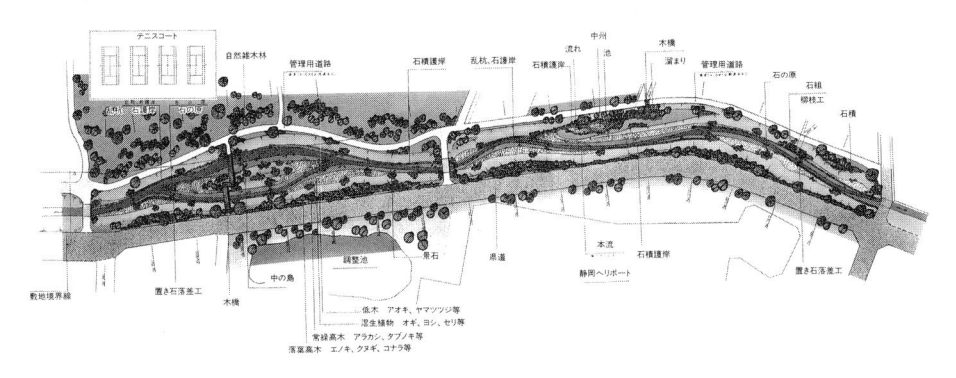

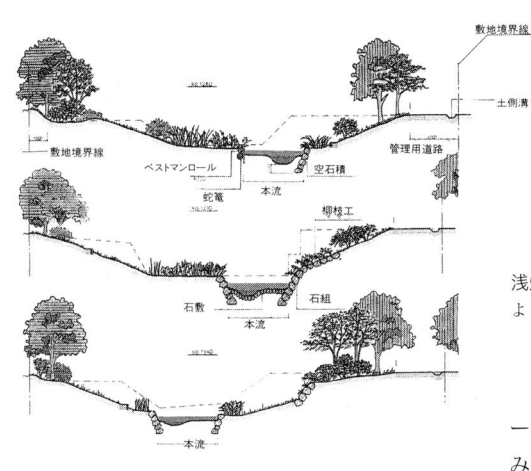

浅畑川断面計画図（『「多自然型川づくり」への取り組み』より）

数十cm堰上げてあった（仮設の河床止めだろう）。ここで示した図よりも水位が高く、低水敷に10cmぐらい水がのっていた。堰上げのため、流れがほとんどなく、意図したはずの流れの変化はみることができず、単調な流れとなっていた。

流速が遅いため、河床にはシルトやヘドロがたまり、下流のまだ多自然型川づくりをやっていない区間に多く生育するハゴロモモ、カナダモなども生えていない。残念ながら、縦・横断計画によって流れに多様性をもたせようという試みは、下流の堰上げのせいか、うまくいっていなかったが今後解消されるだろう。

低水河岸を固定するための蛇籠＋植生ロールは約60cmの高さである。川に入ってみると、この高さは相当なものである。低水敷から急に深くなる感じで、ここの河岸では魚はほとんど捕れなかった。

一方、支川流入部から設けられた小水路は、置かれていた石が大きく、景観的には少しゴツゴツした印象を受けたが、石と石の間には、コイやフナの仔魚、モツゴなどがたくさんいた。

富野さんも言っていたが、多自然型川づくりは、改修完了時が始まりである。今後の推移をみなければ本当の評価はできない。また、生物の評価も今回のちょっとした調査だけではきっちりとした評価はできず、ここで書いたことは印象の範囲にとどまる。

多自然型川づくり事例——10

FUKUOKA
高良川
筑後川
久留米市

高良川
Kohra gawa

所在地：福岡県久留米市
事業主体：建設省九州地方建設局筑後川
　　　　　工事事務所

福岡県西南部に位置する久留米市は、筑後川の中流平野が広がり、南に高良山（こうらさん）を望む旧城下町。高良山を源とする高良川では、市制100周年記念事業の公園整備と一体化して、景観に配慮し、水質浄化システムも備えた川づくりが行われた。

高良川の整備区間は久留米百年公園に隣接してお

木枠片枠工。多孔質な河岸は生き物の生息空間となる（撮影：島谷幸宏）

石原工。石を層状に積むと草は生えにくいようだ（撮影：島谷幸宏）

82 —— 多自然型川づくりの事例

九州初の浄化施設を備えた川づくり
[河川の概要]

　高良川は，筑紫平野の中心都市・久留米市を貫流する筑後川の一次支川である。標高約500mの高良山を源とし，流域面積15.2km²，流路延長8.8kmの小河川である。

　ここで紹介する事例は，高良川の最下流，筑後川との合流点にある。ここは，久留米の市制100周年を記念してつくられた「久留米百年公園」に隣接する所で，この公園の整備とあわせて一体的に行われた河川整備の例である。また，礫間接触酸化法で処理された水を利用している点でも興味深い。

　高良川が流れる久留米市内東部は，昭和50年代後半より宅地化が進み，家庭排水による高良川の水質汚濁が進行していた。そこで建設省筑後川工事事務所は，筑後川本川の水質保全のため，この区間に平成元(1989)年，礫間接触酸化法による浄化施設を建設し，その処理水を，百年公園内の「せせらぎ公園」と高良川の整備区間に流している。

　ここで礫間接触酸化法について説明しておこう。礫間接触酸化法とは，握りこぶし大の玉石(礫という)をコンクリートでつくった水槽の中に詰め，その中にゆっくりと水を流し浄化する施設である。日本で開発されたシステムで，東京の多摩川の支川，野川で昭和59(1984)年に行われたのが最初である。

　このシステムは，水が河川を下るに従っておきる川の自浄作用を模したものである。水が浄化される原理は，礫の中をゆっくりと水が流れる間に固形物が礫の間や表面に堆積・付着することにより除去される物理的浄化，および礫の回りに生息する微生物による有機物の分解作用による生物的

り，休日には多くの市民が川辺に集う

浮いた床止めと水制 (撮影：島谷幸宏)

高良川────83

浄化が組み合わされたものである。

物理的除去の大半は、システムの前半部でなされ、生物処理は全体でなされる。生物処理の過程で酸素が消費される。酸素が不足すると効率が低下したり、リンなどの栄養塩類が溶出したりする。流入汚濁量が多い河川では、処理水中に空気を吹き込む曝気を行う場合もある。うまく設計された施設では、BOD（生物化学的酸素要求量）の除去率はおおむね70％程度である。高良川では、礫槽内の滞留時間は1時間20分で流入水のBODはそれほど高くないので、曝気は行われていない。

景観整備と水質浄化
[改修の内容とポイント]

多自然型川づくりが行われたのは、筑後川合流点より400m程度上流の延長300mの区間である。ここは筑後川の洪水の影響を受ける背水区間である。施工前は、護岸側壁がコンクリートのブロック積み台形断面で、流路の線形も単調であった。これに、①景観的な意味も含め、流路を蛇行させる、②床止めにより河床勾配に変化を与え、瀬と淵をつくる、③空玉石張り工、石原工（石を2、3層に積み重ねたもの）、木杭片枠工、布団籠工等を用い、多孔質な河岸にする、④水際部に止水域を設ける、⑤低水路の一部を分岐させ、流速の遅い止水域（トンボ池）を設ける、⑥治水上の安全性を考え、浄化施設の取水堰直下流は、きっちりと固める、⑦百年公園との一体整備を考え、公園と緩やかな勾配で連続させる、などの工夫を行っている。

現地を訪れる。大河川である筑後川の堤防と同じ高さに百年公園はある。広い百年公園の端の、なだらかな斜面のかなり下のほうに高良川が流れている。河岸沿いに植えられた高木が目につく（アイ・ストップとしてなかなかよいが、樹種が水辺の樹木ではないのが残念である）。高良川の水面と百年公園の比高は10m以上もある。このようななだらかな斜面を設けなければ、河川の存在すら気づかないだろう。

整備区間の上流端に行く。ゴム堰があり、そこが湛水部になっており、浄化のために取水している。その直下流に浄化された水が流れている。湛水部にたまる水は少し黒ずんでいるが、浄化された水は澄んでいる。放流BODは平均で3.5mg/ℓ程度だそうである。放流水が流入する地点の河床は少し白くなっている。

百年公園の上から見ると少し曲がりがきついかなと思えた河道も、下に来てみるとじつに自然な河道である。河岸沿いには植物が生え、瀬が見られる。ゴム堰の上流に見られるコンクリートブロック張りの河道の状況と比べると、ずっとやわらかく伸びやかな風景となっている。上から見て少し曲がりが急に見えたのは、百年公園のスケールに比べて高良川のスケールが小さいためである。

重要な川の骨格づくり
[整備後の状況とその評価]

川の中に入ってみる。足首までの浅い所や膝までくらいのやや深い所など水深に変化がある。水深が比較的深い河岸を手網ですくってみると、水温が低いにもかかわらず、けっこう魚が捕れる。ウグイの稚魚、カマツカ、フナ、オイカワなどである。特にカマツカが多い。

低水路の一部を分岐させたトンボ池は大部分が埋まっていたが、伏流水によって保たれた小さな池になっている。空石積みで護岸をつくっているので、水際部まで草が

生えている。造って3～4年経った今では，もう護岸があることすらわからない。ただし布団籠を護岸にした所は，全くといっていいほど草が生えていない。玉石は洪水時に少し流失したそうである。合流部なので，本川の水位によっては予想したよりも流速が速くなったのであろう。

瀬と淵をつくるために設けた木杭片枠工は，左右端が洗掘され少し浮き上がった印象を受けるが，端が瀬となり上流は堰上がって淵となっており，現状では何とか瀬と淵を保っている。4基設けた水制は空置石積みで，高さが60cm，幅1mくらいである。当初は7mくらいの長さがあったそうだが，現在では2mくらいしか見えない。これにより，入り組みが保たれている。石原工は，少ししか草が生えていない。石を層状に積むと草が生えにくい。

対岸の杭枠工は，水面から垂直に1mほど立ち上がっており，平面的に入り組ませてある。陸域との連続性は図られていないが，水際部の空間形状としては，淀みが形成され興味深い。

ワンドは行ってみたけれども埋まっていた。しかし，ワンドをつくるために設けた岬状の玉石張り工により，川の全体的な蛇行は保たれている。埋まったけれど，周辺より比高が低いので，湿生植物の群生地となっている。

細かい工夫を行った所は土砂の堆積によって，埋まったり機能が変化したりしているが，全体の川の骨格がしっかりしているため，流れは変化し，浅い所や深い所が自然に形成されている。川の骨格づくりの重要性を感じさせてくれる好例といえよう。

この整備の後，高良川の水辺で遊ぶ人々の姿が多く見られるようになっているということである。

注）布団籠：亜鉛メッキ鉄線の四角い籠の中に玉石を詰めたもの。布団に似る。
蛇籠：亜鉛メッキ鉄線の円筒状の籠の中に玉石を詰めたもの。蛇に似る。
枠工：木の杭で直方体の枠を組み玉石を詰めたもの。昔は護岸の基礎などに用いられた。様々なタイプがある。

整備区間の平面図。
浄化施設は百年公園の駐車場の地下に設置されている

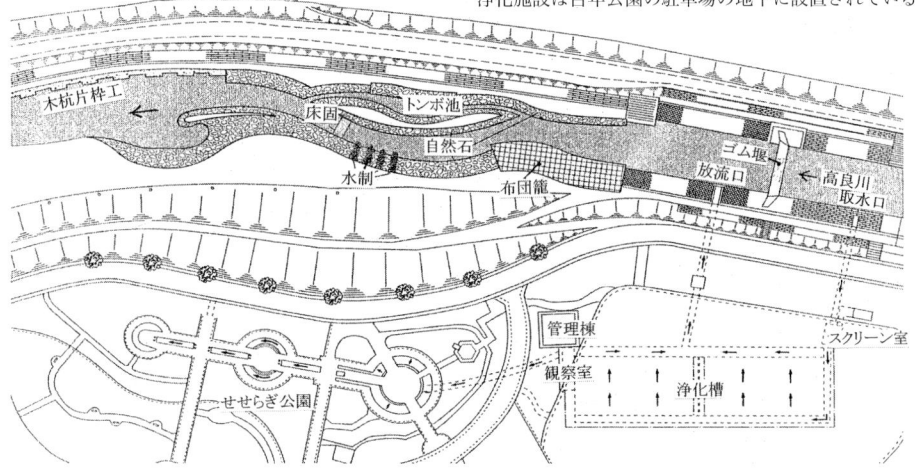

多自然型川づくり事例——11

SHIMANE

高津川
Takatsu gawa

所在地：島根県益田市
事業主体：建設省中国地方建設局浜田工事
　　　　　事務所

柿本人麻呂ゆかりの地を流れ，「放し鵜飼」という独特のアユ漁が見られる高津川。川の文化が息づくこの流域の間伐材を利用して，約30年ぶりに伝統工法の「牛」がよみがえった。魚たちの休息場である淵を保全するために設置された牛の群れ。その景観は，またひとつ高津川の個性を育んでいく。

高津川の聖牛（安富橋上流付近）

高津川によみがえった聖牛。このときは水量が少なく機能を発揮していないが，牛の構造はよくわかる

大きな淵と豊かな生物相
[河川の概要]

高津川は，島根県鹿足郡六日市町をその源とし日本海へ流下する，流域面積1,080km²，幹川流路延長81kmの一級河川である。河口部に益田平野があるものの，それは河口から4km程度までで，規模も小さく，それより上流は河谷平野となり，大きな蛇行を繰り返している。大きな蛇行の湾曲部は，岩が露出した山にぶつかる所が多く，そこには大きな淵が発達している。

ナガタの淵，明神の淵，エビヤマの淵，虎の口淵，マグ淵，ようどう淵などの名前のついた由緒ある淵が存在している。

　高津川の生物相は豊かで，日本中に広く分布するアユ，オイカワ，ウグイ，フナをはじめ，アユカケ，イトヨ，ギギ，オヤニラミ，中国地方でのみ見られるゴギ，日本でも数河川しか生息が確認されていないイシドジョウ，源流付近には国の特別天然記念物のオオサンショウウオが生息する。

伝統工法の「牛」を用いる
[改修の内容とポイント]

　高津川を特徴づけていた伝統工法の「牛」を用い，淵を保全しようとした事例である。牛は，急流河川で用いられた伝統工法で，丸太を三角錐に組み，蛇籠（細長い網に石を詰めたもの）や俵で重しをつけ，川の中に置き，水の流れを遅くすることをねらった水制の一種である。三角形になる面を上流側に向け設置する。洪水のときは水流を受け，木杭を束ねたとがった箇所が下流側

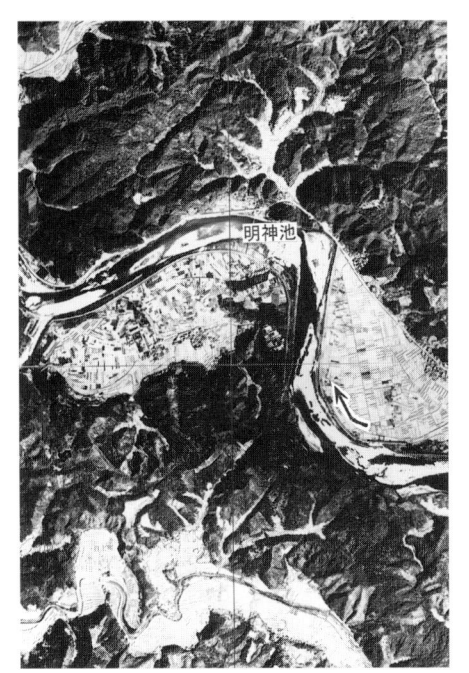

高津川上流部の航空写真（昭和42年10月撮影）
(提供:建設省中国地方建設局)

高津川上流部の航空写真（平成8年11月撮影）
(提供:建設省中国地方建設局)

の河床に突き刺さり，足となっているその他の合掌木とともに水流の圧力を受ける。牛が構成する部材に流木が当たって流速が弱まり，堤防の安全性を高めるのである。洪水の時，木組の先が水の中から出て，まるで牛の角のように見えるので，牛という名前がついたといわれている。木の組み方や重しの仕方によって様々な形態の牛がある。

　この工法は非常に古くから用いられており，すでに奈良朝初期に「三叉」や「出雲結」という名前の，牛と類似の水制が使用されたという記録が残っている。戦国時代，武田信玄による釜無川の治水工事により「大聖牛」「棚牛」「菱牛」などのいわゆる牛類が発達する。

　高津川には多くの淵があるが，多自然型川づくりでは明神淵を対象にその復元を試みている。昭和42(1967)年頃，明神淵の上流部の流心は左岸側に寄っており，淵の岩礁部を直撃する流れであった。平成元(1989)年頃は，その流れは右岸側の低水護岸に集中し，岩礁部より上流に流れがあたり，1969年当時深かった淵は浅くなってしまったそうである。

　そこで，平成3(1991)年度，建設省中国地方建設局浜田工事事務所は，河床を掘削し流れを1969年当時の流路に戻し，右岸の河岸沿いに砂洲が定着するように2列に聖牛（「せいぎゅう」「せいうし」ともいう）17基を設置した。この地方の主要産業である林業の活性化を考え，伝統工法が採用されることとなったのである。

どの時代の自然を復元するのか？
[整備後の状況とその評価]

　近くに迫る山，そして大きな蛇行，透きとおった水が美しい。その中に松丸太で作

られた聖牛が並んでいる。流れは工事前の状態に戻っており、右岸に沿っている。聖牛が設置されている所は草が生え洲になっている。聖牛から少し離れると、河床が少し掘れて表面は砂質になっている。聖牛のすぐ前面まで流れが寄って来ており、かなり深く掘れている。

水制の機能には大きく分けると、水の向きを変える水刎(みずはね)効果と、水の流れを遅くする減勢効果がある。牛はそのうち透過型の水制で(水を透す水制、なお、水を透さない不透過型の水制の代表は石積み水制)で、水を刎ねる効果はほとんどなく、減勢効果が中心である。

ここに置かれた牛を、ある区間内に杭が立っていると見立てて減勢効果を計算してみる。水深が約4mの時、水制のない所では流速約4m/secとなるのに対し、聖牛のある区域の流速は約2m/secとなる。流速低減効果はかなりあることがわかる。実際、牛の回りに草が生えている所から見ると、土砂も溜まり、遅い流速になっていることがわかる。

高津川は流向を制御することによって淵を保全しようとした事例であり、淵の保全の考え方としては正当なものである。ただし、透過型の水制である牛を用いては、流向の制御は難しい。

水制の回りで手網や投網を打ってみる。聖牛と聖牛の間の砂の溜まった所では、シマドジョウ、ウキゴリ、フナ、アユなどが捕れる。ちょうどアユが遡上している時期なので、溜まりにもアユがたくさんいる。本流の流れとは異なる多様な空間を形づくっている。

本流の瀬をのぞき込むと、夥しい数のアユが川底をのぼっている。流れの速い瀬では、飛び石を伝わるように大きな石を利用しながら帯状になって遡上している。まさに魚の道という感じである。淵の方まで歩いてみる。流れが直接岩にぶつかっていないので、以前よりは小さくなっているのかもしれないが、私には立派な淵に見えた。

昭和42(1967)年頃の空中写真を見てみた。確かに流向は明神淵を直撃している。しかし、夥しい砂利採取の跡が見られ、そのため砂洲高も低く、全体に極めて平坦になっている。この当時はこのような砂利採取の影響を受けて流向が左岸寄りになっていたのかもしれない。そう考えると、70年の姿は、強い人為の結果であり、自然の姿として望ましいかどうかは疑わしい。

このように、自然の姿を復元することは歴史的によく振り返ってみないとわからないことが多い。特に第二次世界大戦直後から高度成長期には、山の荒廃、砂利採取、水質悪化などの様々な人の影響を受け河川は荒れていたので、その当時の姿に復元することがよいことかどうかはよく吟味する必要がある。現在の方がずっと自然の姿に近づいていることもよくあるからである。

高津川は極めて美しく、魅力的な川である。伝統工法は耐久性に課題は残るが、独特の風景を創ることは確かである。当初の計画で意図したことと、結果は少し違っているのかもしれないが、多自然型川づくりの初期の試みとしては興味深く、現地には多様な環境が出現している。

多自然型川づくり事例——12

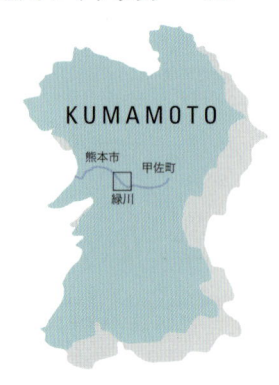

KUMAMOTO
熊本市
甲佐町
緑川

緑川
Midori kawa

所在地：熊本県熊本市甲佐町
事業主体：建設省九州地方建設局熊本工事
　　　　　事務所

　水源付近の岩が清流に映え，緑色をしていることから，その名がついた緑川。加藤清正が治水・灌漑工事を行ったことでも知られている。この川で，平成4年度より自然環境の保全をテーマに多自然型川づくりが始まった。試行錯誤を重ねながらより良い川になっていく。

織豊時代に始まる治水事業
[河川の概要]

　緑川は九州山地に源を発し熊本平野を流れる，流域面積1,100km²，幹川流路延長76kmの一級河川である。上流域は火山地域で渓谷をなし，矢部48滝などの景勝地である。また，全国有数の石橋地帯として知られ，特に灌漑用通水橋の通潤橋は著名である。
　緑川の本格的な治水が始まったのは，加

の姿と機能をとどめている。

　しかしながら，明治以降もたびたび水害を繰り返し，内務省時代より国直轄の治水事業が行われる。昭和46(1971)年には多目的の緑川ダムが完成し，堤防も順次整備されてきている。

過去の経験を踏まえ，さらなる改良をめざす

[改修のポイントと内容]

　津志田地区は河口より19.6～20km地点，河床勾配約1/400の扇状地河道で，河床材料は10～20cmの玉石に砂が混じる砂礫河床である。河道形態は澪筋が二つできる複列河道で，砂洲の移動がみられる区域である。

　当地区は，河川環境管理基本計画では中流(田園流下型)ブロックにあたり，自然利用ゾーンに位置づけられている。この箇所の直上流高水敷上は既存樹木を活かした自然公園となっている。

　この区間の左岸側に多自然工法が行われている。高水敷が狭い上，水衝部になっており，堤防もまだ完成断面にはなっていないため，河岸防御工を設置する必要があった。水質は良好で，アユ，ウナギ，カニなどの魚介類が豊富である。周辺もまだ都市化しておらず，美しい農村の風景をみせており，改修にあたっては，自然環境の保全がテーマとして掲げられた。

　平成3(1991)年度に乙女橋(この地点より少し上流)で確認された魚類はアユ，ウグイ，カワムツ，オイカワ，ヒガイ，ムギツク，モツゴ，カネヒラ，ヨシノボリなどである。水質は極めて良好で，BODは1mg/ℓ程度である。建設省熊本工事事務所では平成3年度，多自然型河川改修のアドバイザー(学識経験者・専門家・地方行政担

藤清正が肥後へ入国した天正14(1586)年以降である。加藤清正時代の治水思想は，緑川の北部に位置する熊本城下町およびそれを取り巻く田園地帯の防御と洪水の減勢との，主として二点である。そのために，支川の大規模な付け替え，熊本寄りの右岸のみの築堤，くつわ塘，たんたん落としなど減勢のための工法が用いられた。それらの事業は細川時代にも受け継がれ，霞堤を用いた遊水区域であるくつわ塘は現在でもそ

当者ら7名からなる)の意見を踏まえつつ、多自然型河川工法を検討してきた。

現地には、2種類の多自然型護岸が設置されている。下流側が平成4年度に、上流側は平成5年度に設置された。両護岸とも基本的な構造は同じであるが、平成5年のものは平成4年の改良版である。

平成4年度の工法は、高さ1.2mの砂防用のコンクリート片法枠を河岸に設置し、底部に60cm厚で詰石を行い、その上にいろいろな大きさの魚巣用のヒューム管を捨石で押さえながら80cm厚で設置する。その上に柳枝を束ねた埋幹と呼ばれるものを80cm厚で水平に置く。陸側に少しずらした形で押さえと境界部の洗掘防止をかねた布団籠を幅4mのせ、化学繊維でできた植生土囊を置き、チガヤを植栽する。覆土し、その上に流出防止用のネットを置く。

片法枠から1.5m離して、根固め兼用の減勢や流れの変化、植生の繁茂を意図した捨石工を河岸と平行に設置する。その上に植生土囊を置き、ガマを植えている。総延長は49mである(図1参照)。

同工事事務所では平成4年度施工の反省点を以下のようにまとめている。

① 高水敷の覆土は、小出水により流出した。また、土囊袋が化学繊維製で硬いため、チガヤの芽吹きが悪く、半分以上が枯れてしまった。

② 水平に置いた柳は、水中のものは腐り、水上のものは枯死してしまった。

③ 片法枠と捨石の間隔が狭く、流速が低減しすぎ、土砂が堆積した。

④ ガマは流速に耐えられず折れてしまった(図2参照)。

それらを改良するため平成5年度では、柳は斜めにさす、土囊袋を麻袋に替えるなど、3種類の工法に変更した。また、流速を低減させすぎないために、片法枠と捨石の間隔を3mに広げ、植生はチガヤ、ヨシとした。さらに魚巣用のコンクリート製の管を陶製の管に変更した(図3参照)。

概略は以上のような工法である。

景観的に成功、しかし環境がもとに戻る可能性も

[整備後の状況とその評価]

比較的自然が豊かな川で、局所的な河岸保護工事に、多自然型の川づくりを導入する例は全国的にも比較的よくみられる。川全体をいじるわけではないので、洪水に対して安全でかつ、周辺の自然環境となじみをよくすることが第一の目標になる。基本は、従前の環境をいかに再現するかである。すなわち、強度を増し、かつ従前の自然環境を再現できればよいわけである。

そのためには、植物が周辺に生育する種と同じになるようにする、水際線の形態が人工的に見えないようにする、コンクリートの構造物が目立たないようにする、などが具体的な注意事項になるだろう。これに加えて、従前の環境よりも生物の生息空間の質をさらに向上させようという試みを第二の目標に加える場合もある。

緑川の事例も周辺の植生の再生を図ることは第一の目標に該当し、ヒューム管や捨石による多様な空間の創造は第二の目標に該当する。

さて、まずは風景からチェックしてみよう。私たちが訪れたのは、3月の初めで、まだ冬枯れの風景である。対岸から当該地を見ても、ほとんどどこに施工してあるのかは、わからない。それほど草が繁茂しているわけではないが、片法枠の高さが水面から少しのぞく程度だ。平成5年度施工の護岸は斜めに植えた柳が芽吹いているせい

もあって，周辺とほとんど区別がつかない。風景的にはまずは成功といえよう。

さらに多自然型護岸に近づいてみる。平成4年の水平の柳はすべて枯死しているが，平成5年のネコヤナギは立派に育っている。斜めに植えるだけでこんなにも違うものである。夏になれば青々とした姿を見せるだろう。

平成4年に施工された捨石と片法枠の間には土砂が堆積している。主流部が対岸に移り，ここの流速が小さくなったことが原因である。浅くなったところは，主流部と対比的な，ゆるやかな流れとなっている。手網でガサガサやってみると，ドンコやカマツカ，ムギツクなどの仔魚がたくさんとれる。仔稚魚にとってはよい環境のようである。

現況では十分に機能を発揮しているが，将来的には埋まる可能性が考えられる。さらに時間が経過すれば，再び水衝部となり，環境がもとに戻る可能性もある。このように河床が比較的短期間に変動する場所では，空間的に小さいスケールでの多様化を図るのは，施設の効果発揮の期間の読みが難しい。

さて，ここの護岸では，布団籠の上の植生がいま一歩うまく根づいていない。扇状地では覆土工法は草が十分に根づかない限り，一洪水で飛んでしまう。扇状地の植物は，石と石の間に溜まった土や砂に根づく。植物が根づくと，砂が溜まりやすくなる。このような交互の作用によって植生が繁茂する。このような自然のメカニズムを考えると，同工事事務所の川口芳人係長も言っていたが，布団籠の間に土を詰めるようなやり方が基本となるであろう。

取材当日の夕方，土研式定置網を平成4年施工の上下流端に設置した。土研式定置網は昔から漁に使われる定置網を調査用にコンパクトにしたものである。簡易に設置でき，魚を傷つけないのが特長である。

翌朝，雨の中，土研式定置網をあげてみた。水温は12℃と冷たくない。ムギツク，ドンコ，カワムツ，モクズガニ，オイカワ，イトモロコ，イチモンジタナゴ，ワカサギなど計9種90尾，特に仔魚が多くかかる。この護岸工が魚の住みかとなっていることが，ある程度確認できた。

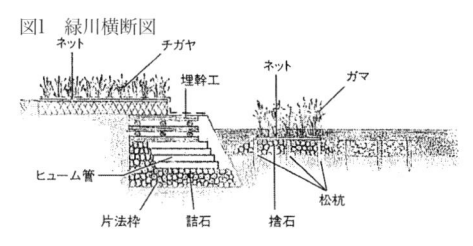

図1　緑川横断図

図2　平成4年度施工の護岸の問題点（一部）

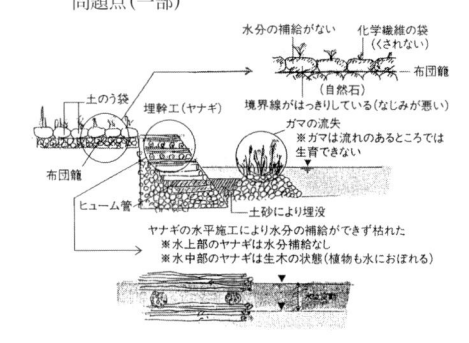

図3　平成5年度施工の護岸の改良点

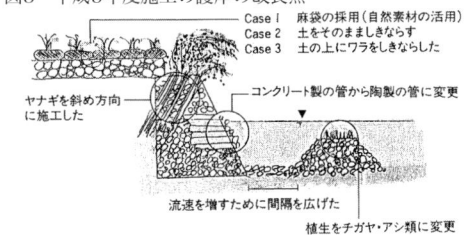

（建設省熊本工事事務所作成）

注）片法枠：枠工のうち，片側が斜面になっているもの。

多自然型川づくり事例——13

霞ヶ浦
Kasumigaura

所在地：茨城県土浦市大岩田地先
事業主体：建設省関東地方建設局霞ヶ浦
　　　　　工事事務所

琵琶湖に次いで，日本で2番目に広い湖，霞ヶ浦。『常陸国風土記』に「香澄里」と記された美しい水郷は，現在では慢性的にアオコの発生がみられ，ありがたくないイメージで語られることが多い。

アサザやヒシが生い茂る，霞ヶ浦の大岩田多自然型護岸

大岩田舟溜まり付近

よみがえったアサザ（リンドウ科の水草）群落。波消し作用により砂浜やヨシ原復活を促す

水生植物の減少を招いた水質悪化と湖岸堤

[河川の概要]

霞ヶ浦は、西浦（面積17km²）、北浦（34km²）、外浪逆浦（6km²）の三つの水域からなる日本で2番目に広い湖である。

霞ヶ浦は土砂堆積により海の一部が閉じ込められた海跡湖であり、約500年前の室町時代には、現在の2〜3倍の面積はあったといわれている。霞ヶ浦が現在の姿になるのは、江戸時代の利根川東遷以降である。

水深は最大で7m、平均で4mと浅く、流域の都市化などの影響を受けて水質が悪化しやすい湖である。

霞ヶ浦の水質汚濁は昭和45(1970)年頃から顕著になり、1979年には年間平均のCOD（化学的酸素要求量）値で11mg/ℓを超え、ピークに達した。その後、霞ヶ浦の富栄養化防止条例の施行［昭和57(1982)年］などにより、昭和50年代後半には8mg/ℓ台になったが、その後は横這い状態が続いている。

また、西浦の湖岸は水資源の保全あるいは治水のため、ほぼ全周にわたって護岸（湖岸堤）が構築されている。これらの護岸と水質悪化によって、霞ヶ浦の水生植物は昭和40年代から50年代にかけて大幅に減少した。

湖岸堤設置により水生植物が減る理由は、植生が繁茂する前浜部に対する湖岸堤による直接的ダメージと、湖岸が深くなったことにより波高が高くなって波力が増大し、水生植物が生育する基盤が定着しないことなどによる。

ヨシ原復元のための多自然堤防

[改修の内容とポイント]

土浦市大岩田地区の多自然型堤防は、水生植物、特にヨシ原の復元を試み、平成5(1993)年に施工されたものである。

構造は、既設のコンクリートテラス＋鋼矢板の護岸の上に緩やかな勾配（10割）で覆土し、覆土上には柳枝工が行われている。湖の水面に接するあたりから川砂を覆砂しているが、その覆砂は水中に約70cm程度もぐった所まで続き、その先の沖合には、捨石でつくられた高さ約1〜3m（水面に約30cmほど飛び出している）の離岸堤が設けられている。

大岩田地区の多自然型護岸。施工前（1993年2月）、施工後（1993年7月）、施工2年後（1995年9月）
（提供：建設省霞ヶ浦工事事務所、(株)収景社）

多自然型護岸の模式図（断面図）

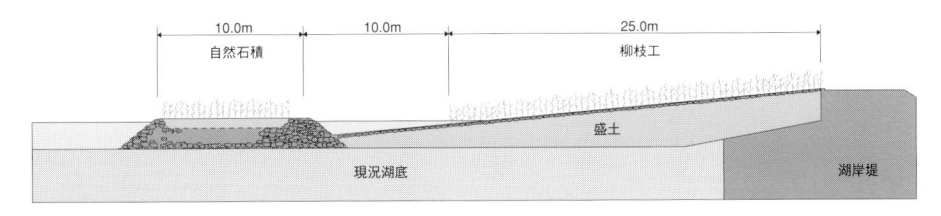

｜←10.0m→｜←10.0m→｜←——25.0m——→｜
　自然石積　　　　　　　　　柳枝工

盛土
現況湖底　　　　　　　　　　　　　湖岸堤

　離岸堤は所々に幅5mの開口部をもち，水の循環が図れるようになっている。開口部には木杭が打ってある。
　自然湖浜と比較すると，覆土湖岸は既設の湖岸堤の沖側で行われるため，前面の水深が大きくなる。そのために風波の作用がより厳しくなり，湖岸侵食を受ける可能性が高くなってしまう。離岸堤は，その影響を軽減するために設けられたのである。なお，離岸堤は30m間隔でT字型に湖心方向に突き出し，消波効果を高めている。

自然に回復したヨシ原と周辺の環境変化
[整備後の状況とその評価]
　離岸堤開口部の水面幅が一番広く，円弧状にヨシ原が広がっている。この開口部に波浪が侵入して，覆ってあった砂を両側に運んだために，このような地形になっているのである。
　海岸工学が専門の建設省土木研究所の宇多高明さんらの研究によると，覆砂の流出がみられ，最も抉れた部分は，開口部の中央より9度ほど北側になっており，それは一番大きな波が発生する方向（すなわち対岸との距離が一番長くなる方向）と一致しているそうである。
　土木研究所から比較的近いので私も毎年見に来ているが，緩斜面の湖岸と離岸堤の間のヨシは年々現存量が増えているようである。特にヨシを植栽したわけではなく，自然に回復したものであるという点が興味深い。

　ヨシ原の周辺にはトチカガミ，ヒシ等の浮葉植物，エビモなどの沈水植物がみられた。近年，霞ヶ浦では浮葉植物や沈水植物の減少は著しく，この場所でこれらの植物が確認できたことは意義深いことである。
　また，これらの植物の間にそっと手網を入れてみると，エビやヨシノボリの稚魚が捕れる。これらの動物にとっても貴重な住みかとなっているようである。
　離岸堤が景観的に少し堅い印象を受けるとはいえ，3年を経て覆土の大きな流出もなく，離岸堤との間の水域の水循環も図られ，良好な環境を提供している。霞ヶ浦は，植生浮島の設置でも有名であるが，その消波効果が離岸堤に代わるものとして期待され，研究が進められている。
　平成7(1995)年の秋，第6回国際湖沼会議が土浦で開催され，それを契機に市民団体・行政機関などによる霞ヶ浦の環境保全の様々な試みがなされている。一時の化学的なレベルでの水質保全から，総合的な環境保全へと大きなうねりが広がりつつある。霞ヶ浦の場合，その対策の重要なポイントが水生植物の復元であろう。

多自然型川づくり事例——14

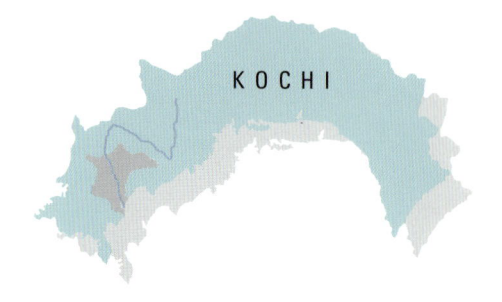

KOCHI

四万十川
Shimanto gawa

所在地：高知県中村市
事業主体：建設省四国地方建設局中村工事
　　　　　事務所

広々とした水面，切り立った岩肌や大きな転石が目立つ河岸……。清流で知られる四万十川（しまんと）の下流部は，日本の多くの大河川下流部の風景とは異なる。ここでのテーマは，自然の「形」に学ぶ川づくり。

整備後の状況。施工前は，コンクリートの護岸・根固めブロックで，単調な風景であった。

四万十川（坂本地区）

98 —— 多自然型川づくりの事例

竜馬ゆかりの堤防のある川

[河川の概要]

　四万十川下流部は，古来より渡川と呼ばれていた。これは中村付近に限った呼び方で，約400年前の『天正検帳』にもその名が出ている。これについて『中村市史』では，「東京の荒川の下流を隅田川というのと同じである」としている。

　四万十川は暴れ川で，流域は有史以来数多くの水害に見舞われてきた。四万十川の改修は地域の悲願であったが，あまりにも川が大きく，明治時代に入ってなお何度も大きな被害を受けたにもかかわらず，改修は実現されなかった。

　昭和4(1929)年，「内務省神戸土木出張所渡川改修事務所」が設けられ，国の直轄事業として改修が行われることとなった。その後も，昭和10(1935)年，昭和38(1963)年に大きな水害を被っている。

　多自然型護岸は，四万十川下流部右岸側の，中筋川との境の導流堤の坂本護岸である。

　司馬遼太郎の『竜馬がゆく』の中に，坂本竜馬が若いときに四万十川の堤防工事の現場監督をしたという記述がある。竜馬の持ち場となった区だけが，他の区の半分の日数で出来上がったとある。その堤防は，坂本堤防よりちょっと上流の具同堤防と伝えられている。四万十川というと，自然の河川というイメージが強いが，洪水の川，歴史の中の川という見方も必要である。

　ご存知のように，四万十川は日本を代表する清流である。幹川流路延長196km，流域面積2,270km^{2}で，吉野川に次ぐ四国第二の大河である。水質は下流部でBOD 1.0mg/ℓ程度で，全国のベスト10に入るほど値が低いわけではないが，とても透明度が高い河川である。

中村市佐田の沈下橋

四万十川

上・中流部は準平原状をなす台地を深く削り取るように穿入し、蛇行を繰り返している（穿入蛇行）。沈下橋で有名な佐田付近より自然堤防地帯となり、平野が開けてくる。よくテレビなどの映像で紹介されるのは、佐田付近より上流の、ちょうど周辺に人家がなく、山が迫る美しい景観である。それよりさらに上流に行くと、川沿いに窪川、大正などの町が開けており、日本中のあちこちに見られる川沿いの風景となる。

水衝部の形を考える
［改修の内容とポイント］

多自然型川づくりの重要なポイントの一つは、自然の原理や自然の形を真似るということである。坂本護岸は巨石よりなる水制の連続体であるが、このような巨石を用いた形が四万十川にふさわしいのだろうか？こういう「形」の観点から考えてみたい。

四万十川が佐田で平野に出てから海に流入するまで、水衝部（洪水の時、水が強く当たる所、川は曲がっているので、この場所はだいたい決まっている）は約10カ所ある。そのうち7カ所は自然形が残っている。その自然の水衝部の形（平面形状・横断形状・材料の大きさ・植物の繁茂状況）を建設省中村工事事務所に協力してもらい、調査してみた。

四万十川の自然の水衝部はいずれも山付きで、石と巨石とその上に茂る樹木から構成されている。形態は大きく二つのタイプに分けることができる。一つは山肌である岩塊に直接接するタイプ、もう一つは山腹が崩壊して、落下したカドの角張った巨石が岩の前面に堆積したタイプである。河床材料は巨石の間に若干堆積しているものの、ほとんど目につかない。横断的には、水中部は急に深くなるタイプ、水制のように突き出すタイプと様々である。陸上部は

1割（45°）以上のかなり急な斜面となっているところがほとんどである。植物は水平方向に分布しており、下部にはツルヨシ、ネコヤナギ、キシツツジ、イタドリなど、その上部にはヤマウルシ、アキグミ、クチナシ、トベラ、最上部にシイ、シラカシ、エノキなどが分布している。

四万十川下流部の風景は、沖積地の真ん

中村市百笑付近の風景写真（提供：島谷幸宏）

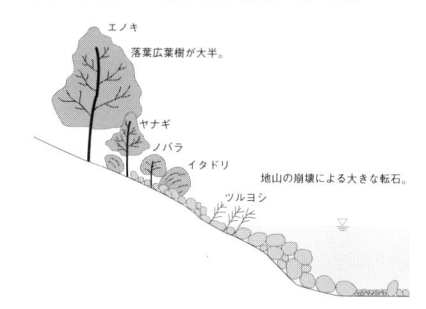

自然の水衝部の横断図（中村市百笑付近）。巨石が堆積したタイプ。

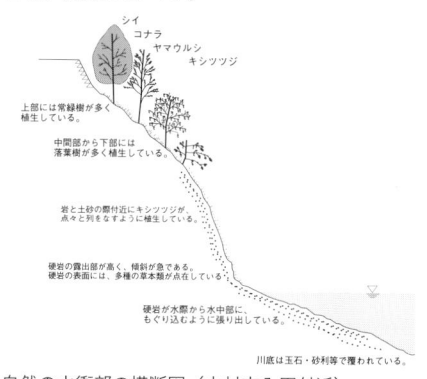

自然の水衝部の横断図（中村市入田付近）。岩肌に直接接するタイプ。

中を流れる日本の大部分の大河川と全く違う印象を受ける。その一つの理由は，広々とした水面と切り立った岩塊あるいは巨石とのコントラストである。この風景は，常識的な下流の風景，下流の河岸の形と異なるのである。

自然の形を真似ることの難しさ
[整備後の状況とその評価]

坂本背割堤(せわりてい)は，60mごとに設置された，連続した水制からなる構造物である。水中下部は根固め工で，その上に巨石が置かれている。巨石の背部にはコンクリートブロックが設置され，法覆い工(のり)は蛇籠(じゃかご)で，その上に覆土されている。その覆土は，シルト分が川の中に入らないように河原の砂礫を用いている。

この水制の上に立ってみると，川が大きいせいもあり，違和感はほとんどない。満潮時ということもあってか，水制間はかなり大きな水のポケットとなっている。一緒に行った萱場(かやば)主任研究員はドライスーツを着て，水中眼鏡をかけ，プカプカと浮いている。ヨシノボリ，ボウズハゼなどがたくさん泳いでいるのが見えるそうである。この護岸のまわりには，たくさんのウナギ用の仕掛けがしてある。ウナギがここに集まってくるのだろう。

堤防上から見てみる。水制上部の砂礫に草が十分生えておらず，連続する水制がや や目立ち，人工的な印象を受ける。河床材を被せていたが，上流側については一部流出しているため，植物の成育が悪いようである。もう少し草が生えれば，ずいぶん印象は変わるだろう。

この護岸を自然の水衝部の形と比べてみると，下部が主に巨石でできており，上部が植物になっている基本構造は同じである。しかしながら，この護岸は，人の利用を目的としていることもあり，植物の種類，平面形状が規則的で自然の形と異なる。このことが人工的に見える主因と思われる。

自然の形をよく知り，そこを出発点とした川づくりは，多自然型の川づくりの原点である。強度をもたせ，人工と自然の材料を組み合わせながら自然の形を真似ることは，現在のところ難しい。中村工事事務所が実施した自然の形の調査は，多自然型川づくりを行ううえで，極めて重要で基本的な手法である。

中村の護岸も含め，四万十川下流部で刺網や投網，手網で魚を捕ってみた。ボウズハゼ，ヨシノボリ，ウナギ，フナ，アユ，アユカケ，カワアナゴ，ヌマチチブ，ウグイ，ヤリタナゴ，ゴクラクハゼ，ボラ，スズキ，ブルーギル，コイ，ゴンズイ，アシシロハゼ，そして川エビがたくさんたくさん捕れた。

上流に町もあり，適度な栄養分(汚れ？)のある四万十川の生物の豊かさと美しい風景に感激し，坂本護岸を後にした。

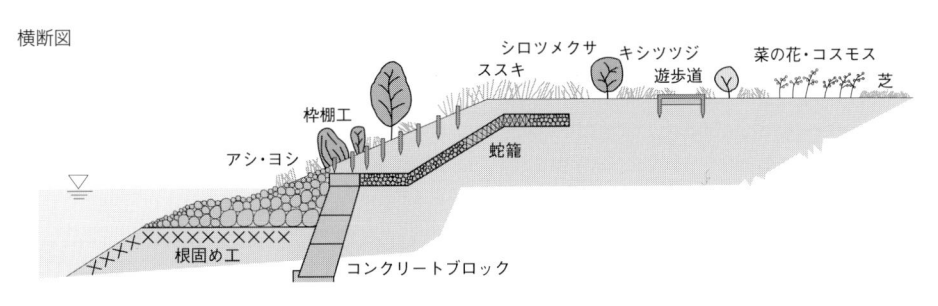

横断図

アシ・ヨシ　枠棚工　シロツメクサ　ススキ　キシツツジ　遊歩道　菜の花・コスモス　芝
根固め工　蛇籠　コンクリートブロック

四万十川 ―― 101

多自然型川づくり事例——15

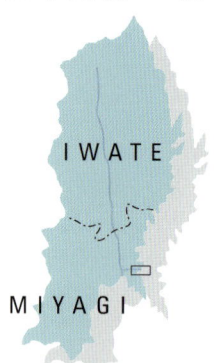

IWATE

MIYAGI

北上川
Kitakami gawa

所在地：宮城県桃生郡河北町
事業主体：建設省東北地方建設局北上川
　　　　　下流工事事務所

　かつて東北地方南部の大動脈だった北上川。江戸時代から大規模な河川改修を繰り返してきたこの川の下流部で，多自然型の護岸整備が試みられた。大河にふさわしいダイナミックな工法によるヨシ原の復元。

18m間隔に設置された水制。水制間は緩やかに湾曲させている。表土にはヨシが順調に成育中(1995年10月撮影)

江戸期からの大規模な改修
[河川の概要]

　北上川は岩手県岩手郡岩手町御堂(みどう)を源とし，岩手県のほぼ中央を南流して宮城県に入り，本川は追波(おっぱ)湾に，旧川は石巻(いしのまき)湾に注ぐ。流域面積10,150km²(全国4位)，流路延長249kmの東北一の大河である。
　河北町三輪田(かほくみのわだ)地区は，本川の河口より約9kmの地点で，明治の末からの改修により大幅に拡幅された区間である。

山沿いあるいは山あいの地域へ転流させ，低地の氾濫を抑制し，水田開発を図ろうとしたものである。

　この計画により，低地地域の水害は軽減されたが，山あいを流下する柳津より下流部の勾配が急で，舟運が阻害され，かつ流下能力が十分に確保されなかったため，沿川に水害が絶えなかったと伝えられている。

　1616年〜1626年，伊達藩の普請奉行川村孫兵衛は，舟運路の確保，先述の洪水の軽減のため大規模な河川改修を行った。柳津地点から約5.3km間に新川を開削し，再び低地地域に北上川を転流させた。また，低地西部を流下し，石巻湾に注いでいた江合川を北上川に合流させた。さらに下流部で北上川から追波川（現北上川本川）への分水路が開削された。これらの改修の結果，低地の開発が進み，舟運路が開け，石巻は江戸廻米の本拠地となり発展していった。

　明治43(1910)年に大きな洪水を受けたのをきっかけに，国の直轄事業として河川改修が行われるようになった。この時，柳津より下流の河道が北上川本流とされる。これにより，追波川は大規模な拡幅を受け，北上川本川となった。

　このように，北上川は何度も流路が付け替えられ，大規模な改修を受けている。

ヨシ原復元のためのユニークな工法
[改修の内容とポイント]

　河北町三輪田地区は，大正期に大規模に人工的に拡幅された関東の荒川放水路のような河川である。下流域には広大なヨシ原が広がる。今ではとても人工的に河道を拡幅したようには思えない。河床勾配は1/10,000と極めて緩く，水衝部でかつ汽水域である。河岸前部の水深は5m以上に

　北上川下流部の大規模な改修は江戸時代までさかのぼる。江戸時代の改修は，洪水防御による下流低湿地の開発と北上川舟運路の確保を目的としていた。明治末期以降は主に治水目的の改修事業となる。

　江戸期の改修は治水と舟運という二つの目的をもつため，試行錯誤の繰り返しであった。最初の大規模な改修は1605年〜1610年，伊達宗直が行った北上川の二股川への転流工事である。北上川を低地部から

| 原始河川 |
| 江戸時代 |
| 明治以降 |

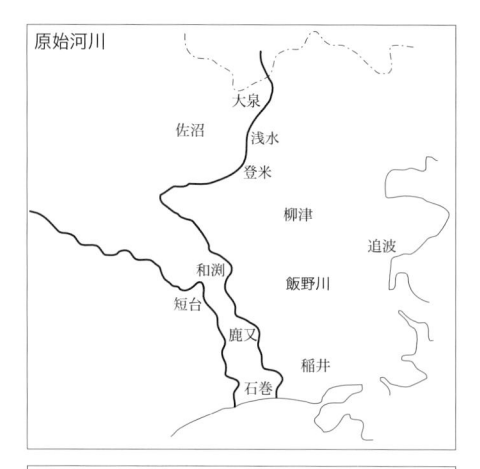

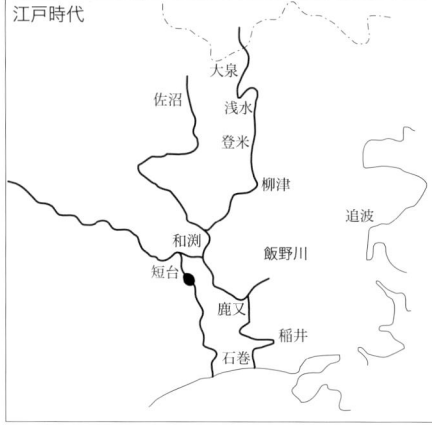

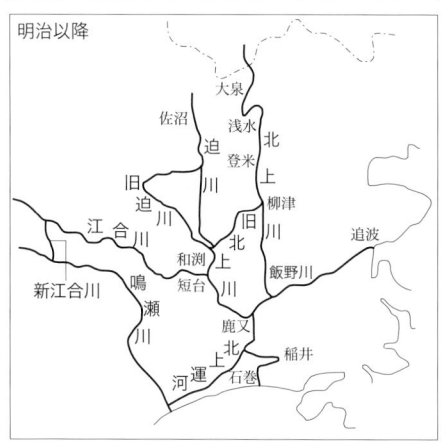

北上川の河川改修の変遷。江戸初期に、浅水〜柳津〜和渕ルートが開削され、下流の鹿又〜石巻間の河道も付け替えられた。明治に入り、柳津〜飯野川〜追波ルートが開削され、これが北上川本川となった。

及び、生息する魚種は40種以上と豊富である。このような深い所での多自然型工法については工夫が必要とされる。

三輪田では護岸整備にあたり、次の三つのテーマを設けている。

① 周辺に自生するヨシ草原を復元し、生物の生息空間を確保する。

② 淵に生息する魚介類、水生生物の生息に配慮した多様性のある水辺空間を創出する。

③ 景観や素材等について、周辺地域と連続性をもたせ調和させる。

ここでとられた工法は、大型連節ブロックを上の方にのみ置き、前面に捨石を投入し、さらにその前面に根固めブロックを投入した工法である。ブロックの上部には間詰めのため、厚さ約1mの捨石が置いてある。その上に吸い出し防止シートと砂質土が、さらにその上にヨシ根混じり土が敷いてある。水際の上層端部は布団籠工あるいは植生ロール(ヤシ繊維籠)で留めてある。

北上川下流域における従来工法は、矢板基礎工＋コンクリートブロックの法覆工＋根固めブロックによる工法である。施工箇所をドライにする必要があり、矢板による仮締切りが必要であった。ここで用いられた工法は、捨石工・乱積み根固め工が中心であり、陸部からの施工が可能な工法で仮締切工が不要である。そのため、費用が節約でき、環境向上に回すことができた。

また、平面的には幅6m、長さ5〜6mの水制を18m間隔で設置し、かつ水制間は緩やかに湾曲させている。ヨシ原の創造のために、対岸のヨシ原の一部をヨシ根ごと筋状に機械で掘削し、ヨシ根混じり土を作り、50cm厚の覆土材として用いている。掘削した場所は再び敷きならし、そこのヨシ原が大きなダメージを受けないように工夫し

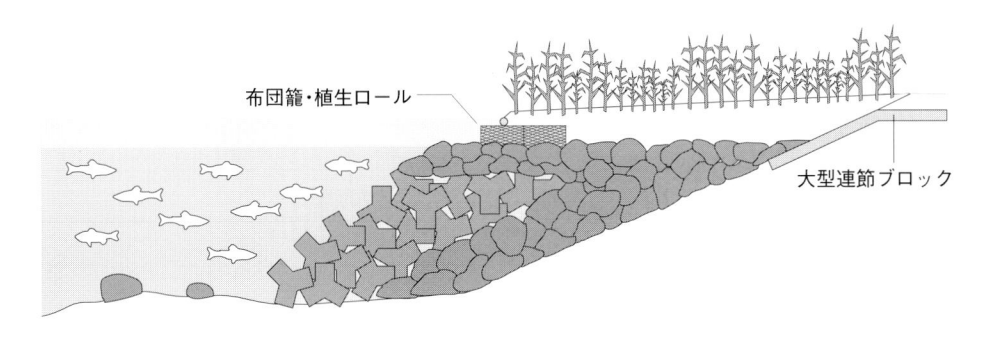

護岸の構造（断面図）。魚巣効果を期待して，全面に空隙の大きいブロックを配している

ている。

よみがえったヨシ原
[整備後の状況とその評価]

広大な水面とヨシ原は，東北一の大河川にふさわしく雄大な姿をみせる。木曾川で見た時もそうだったが，北上川でも左岸か右岸かどちらか一方のみに交互にヨシ原帯が発達している。水裏で土砂が溜まりやすい岸の方だけにヨシ原が発達するのだろう。そういう意味では，水衝部にヨシ原を創造する試みは興味深い。

ヨシ原の再生にとられた手法は，機械を用いてヨシ根混り土を50cm厚で敷きならすという簡単な工法である。ヨシの移植には株植え，差し芽などの工法がよく用いられるが，このような手間のかからない単純な工法があるのかと感心する。ヨシの定着もなかなか良好である。東北地方建設局北上川下流工事事務所の樺澤調査課長の話によれば，ヨシを採取したヨシ原の回復も良好だそうである。

景観的には，単調なコンクリートブロック護岸に比べると，入り組みもあり，よい。布団籠の見えている部分は少し固い印象を受ける。植生ロールを用いた留め工法の方がやわらかいが，景観的にいまひとつという印象を受ける。水際に柳でもほしいところである。水制の前に少し浅い部分があり，土砂でも溜まれば植物が定着できるだろう。

事後の生物調査によれば，この護岸を施した所は施していない所に比べると，魚の密度が高くなっている。大きな空隙があるので魚には良い生息空間となっていると思われる。水制自体は規模が小さいので，影響あるいは効果がどの程度あるのかよくわからない。

水際部が深いので，水に入ってガサゴソと魚を捕ることが十分できないのが残念であった。

北上川三輪田は非常に大きな川の河口部の試みとして，またヨシの再生手法として興味深い事例であった。

注）水裏：水衝部の対岸で洪水時に水が直接当たらない所

多自然型川づくり事例——16

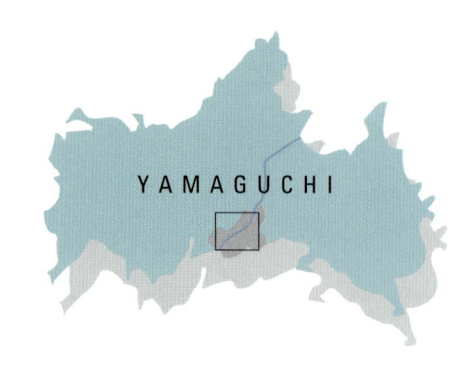

YAMAGUCHI

佐波川
Saba gawa

所在地：山口県防府市
事業主体：建設省中国地方建設局山口工事事務所

平安時代の高僧、重源に縁のある佐波川は、史跡や伝説に彩られている。また、ホタルが飛び交いアユが躍る、自然豊かな川でもある。計画・施工から事後調査まで綿密になされてきた川づくり。ここでは、主に巨石護岸について考えてみる。

東大寺再建を支えた川
[河川の概要]

佐波川は、山口県と島根県の県境、三ヶ峰を源に、山口県佐波郡、防府市北部を流下し、瀬戸内海に注ぐ国の直轄河川である。流域面積446km²、幹川流路延長56kmと一級河川の中では規模が小さい河川である。流域の90％以上が山地で、上流に大きな町もなく水質は極めて清冽で、全川にわたりBOD（生物化学的酸素要求量）1mg/ℓ以下である。

綿密な計画・施工
[改修の内容とポイント]

佐波川は山あいから平野部に出て、河口より約7kmの地点で清水川が合流する。この地点で行われた多自然づくりを紹介する。

この事例は、計画・設計・施工のプロセス、および事後調査がきっちりと行われた点および巨石護岸の是非について少し詳しくみてみたい。

ここでとられた主な工法は、巨石を用いた水制工および法覆い工である。設置場所は現在、前面に砂礫が堆積しているが、川の大きな曲がりの外側に位置し、大きな洪水の時には水衝部になると考えられる場所である。

土砂がたまっているところに低水護岸を設置するためには、河岸沿いの土砂を掘削しなければならない。佐波川では、掘削量を少し多めにして、掘った後をそのままにし、本流とは異なる流路としたものである。25～30m間隔に水制を設け、その間は緩やかな曲線ですりつけてある。法覆いは3～5割勾配の巨石の空積みである。この石は、建設省山口工事事務所が国道工事を行ったときに発生した材料を転用したものである。

水制の長さは約8m、高さは河床から0.5～1.0mである。川の規模（水面幅160m）からみると、それほど大きなものではない。水制はA,B,Cの三つのタイプが設置されている。タイプAは一番小さいタイプで、高さは河床から50cm、平常時には木杭を除いて水中に没してしまう。タイプB,CはA

対岸からの眺め。背後の山と調和した風景が創出されている（撮影：島谷幸宏）

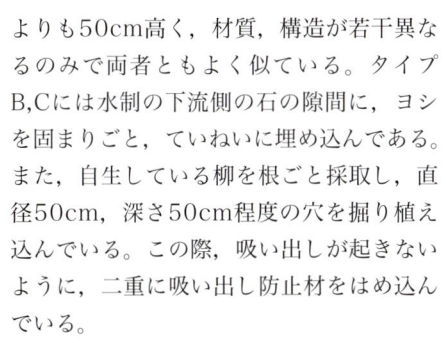

巨石と松丸太を使用した水制工および緩傾斜護岸

よりも50cm高く，材質，構造が若干異なるのみで両者ともよく似ている。タイプB,Cには水制の下流側の石の隙間に，ヨシを固まりごと，ていねいに埋め込んである。また，自生している柳を根ごと採取し，直径50cm，深さ50cm程度の穴を掘り植え込んでいる。この際，吸い出しが起きないように，二重に吸い出し防止材をはめ込んでいる。

　これらの工法は，中国地方建設局の「多自然型川づくり整備計画策定に関する試み研究会」が発案したものである。山口工事事務所ではこの原案をフォトモンタージュにし，景観上の検討を行ったそうである。

　施工にあたってもいろいろと工夫している。設計担当者が現場の職員や施工業者に対し，全体のイメージが伝わるよう，何度も打合せを行い，施工中，現場にはフォトモンタージュを掲示し，施工業者に類似工法のビデオを見せるなど，設計者の意図が伝わることを徹底した。巨石の間に必要以上の間詰めを行わないよう，魚類の専門家である元山口大学教授の藤岡豊氏にも現地指導を受けている。

巨石護岸をどう捉えるか？
[整備後の状況とその評価]

　とても水のきれいな川である。防府市の市街地側から見ると，花崗岩が露出した小さな山が，川の後ろにこじんまりと収まっている。その緩やかな山容は，いかにものどかで中国地方らしい。佐波川の流れは，

佐波川────107

その山と見事に調和し，多自然型の川づくりによって中洲になった上に生えた柳が柔らかい。巨石でつくられた護岸はほとんど目立たない。河原の石とほとんど同じ色の花崗岩のせいでもあろう。対岸からの風景はまず合格である。

近くに寄ってみる。水制によって水に緩急がつき，水制の下流側には水制を透過した水がまるで湧き水のように流れ出している。事後調査によると，水制を設けたことで，この区間の流速は，0.1〜0.8m/secの間で場所により変化している。水制の直下流は本当に流れが緩やかで，粗砂が堆積し，ヨシが繁茂している。また，それぞれの水制を透過する水量は，測定によると，Aで50%，B,Cで20〜30%程度となっている。流れに変化を与え，淀みを作り，そこに植物を繁茂させるという目的は達成されている。

川の中に入ってみる。水温が低く魚はあまり捕れない。それでもオヤニラミ，オイカワの稚魚などが捕れた。オヤニラミはスズキの仲間で，小魚，水生昆虫などを食べる肉食の珍しい魚である。西日本の川の流れの緩やかなところに棲んでいる。

施工の翌年に行われた事後調査では，アユが多く生息していた。張りブロックの所に比べ巨石護岸の所での生息密度が高かった(1.7尾/m²)。藤岡氏は，巨石の周りにつく付着藻類の量が多いためアユの生息密度が高いとコメントしている。そのほか，カマツカ，カワムツ，オイカワ，ムギツク，イトモロコ，ドンコ，ヨシノボリ，タイリクシマドジョウなどが捕獲されている。この場所でオヤニラミが捕れたのは初めてのようである。完成から時間がたち，だいぶ魚も定着してきたのであろう。魚にとってはなかなか良好な環境を提供しているようである。

そのほかにもいろいろな調査が行われ，設計時の意図と比較してあるので，参考のために事務所の作成した表を載せておくことにしよう。

さてこのように，佐波川の巨石でつくられた多自然型川づくりは，対岸からの風景，水中の環境にとってはなかなかよいことがわかった。では，なぜ巨石を用いる多自然型川づくりが最近批判されることがあるのだろう。そこを少し考えてみたい。

まず，巨石を用いる場合，どのような点が問題となるのだろうか。

① 巨石を使う多自然型川づくりだと計画が安易である。
② 下流にはもともとない巨石があり景観的に異質である。
③ コストが高い。
④ 巨石採取場所の環境を破壊しているのではないか。

などの指摘がある。

一方，巨石を用いる場合の長所をあげてみる。

① 水中部に空隙ができて魚の生息によい。
② 丈夫で長持ちする。
③ 景観的に立派である。
④ 空積みにすれば将来草が生える。
⑤ 粒径が大きいので空積みでも流されない。

などである。

佐波川について考えてみる。前述したように，計画の安易さ，コスト，他の川の環境への影響に関しては特に問題はない。問題があるとすれば，下流にあるはずがない大きな岩があるという景観上の異質性の問題であろう。佐波川で用いられた石は河床材料と同じ花崗岩なので，色彩，材質の面からは特に違和感はない。課題は，粒径・並べ方・露出する面積であろう。

粒径は，基本的に石の流されやすさと関

係するので，それらを連結したり籠に入れたりしない限り，治水上の観点から，移動しない粒径以上とするのが合理的である。佐波川では，石が移動するかどうかを，流速との関係により50cmと決めている。したがって空積みにしようと思えば粒径は大きくなる。石の積み方は乱積みであり，少しゴツゴツして若干の異和感があるが，草が生えてくれば特に問題はないと考えられる。

四国で見た土生川や小田川では乱積みされた巨石上に草が繁茂し，景観上の問題はかなり軽減されていた。私が副所長の昌子宏さんに，「草の生え方が悪いところに，覆土でもしますか？」と聞いたところ，きっぱりと「あわてないで，土が堆積し，草が生えるのを待ちます」と言われてしまった。"多自然型の川づくりは出来たときがスタート地点"というのは，一つの見識である。

このように，巨石だからすべてがよく，巨石だからすべてが悪いということはない。多自然型の川づくりも，ずいぶん浸透しつつあり，さらに高い技術を目指すべき時期にさしかかっている。よく考えずに人のまねをするような，安易な巨石の使用が問われているのである。

	項　　目	改修前の状況	設計段階	調査結果	検証成否
生態系	魚類の棲息環境の創造	棲息魚類のデータなし。近辺ではアユ，オイカワ，オヤニラミ，ウグイ，フナ，ドンコ，ウナギが棲息	小魚類の棲息環境を創造する（とくにウナギ，エビなどに配慮し，多孔質水中空間，植生による稚魚，瀬と淵をつくり，釣場，かくれ家をつくる）	魚類も豊富で，密度，利用状況も想定したとおりとなった。ただし，夜行性の魚種は確認していない	○
	昆虫類	データなし	トンボ，ホタル，アメンボウ	ヤゴ，ホタル，アメンボウを確認した	○
	鳥	この周辺にはサギが，冬場はカモが来る	水鳥が飛来し，水制工などは鳥の餌の捕獲場所となる	サギが水制工の上にいた。オオヨシキリ，セキレイ，キジなどを職員が観察。冬場の調査が必要	──
	底生生物	データなし	とくに配慮しなかった	水質が比較的悪いものが出現した	──
	水際の多様性表出	水際がない	水制工を突出させることで流れが変化し，瀬と淵が創造でき，良好な棲息環境となる	自然的な蛇行が創出され，瀬と淵，滞流部が創造され，利用の仕方が多様となった	○
植生	柳の活着	柳の成木群生あり	巨石の空隙あるいは水中の根固め部に移植したら，活着するかもしれない	活着し，緑蔭を形成している	○
	ヨシの活着	中洲はアシの群落となっている	水中にヨシを移植した場合どうなるのか。たぶん，活着するだろう	ツルヨシはよく繁茂し，勢いがある。ヨシは勢いが弱いが活着している	○
構造	巨石の粒径	直上流の護岸部の巨石と同じものである	掃流力に対してφ50cm以上の石を使用する	大きな出水がないため，検証できない	──
	水制機能	──	流速が低減する	小出水時にはその機能が確認され，一部水はね効果が認められた	○
	水質	佐波川はA類型の河川で，水質環境基準を達成している	とくに問題としなかった	生活雑排水の流入の影響か，思ったより悪い。とくに大腸菌類が多い	×
景観親水	自然的景観の創出	柳，ヨシ群落で，どちらかというと藪のイメージがあった	自然石と植物の植栽により整備し，川らしい水辺空間が創出できる	初めて訪れる人は，たぶん驚くであろう。一見箱庭的であり，赤味のある巨大な石は，どことなく違和感がある。しかし，水辺の多様性は経時的になじみが出ると考える	△
	水際の変化	──	法線を曲線とし，水路イメージを払拭する。本来の川らしくする	流れに変化があり，清らかな小川が出現した	○
	緩傾斜	──	3割，5割の勾配を自然石で築くと安定感があり，茫洋とした快適空間が創出できる	歩きやすく，腰掛け，水辺に近づくことができ，親水活動に良好	○
施工性		──	合掌枠の組み立ては未経験であり，石積みも曲線をもたせるなど，全体として手造りであり，手間や費用がかかる	事前に関係者が打合せを密にし，現場でも種々工夫して，思ったより円滑に工事を進めることができた。また，コンクリートブロックと比較しても手間は大きく違わなかった	
メンテナンス		──	とくに考慮しなかった	ゴミが漂着して汚い景観となった	×

多自然型川づくり事例——17

TOKUSHIMA

旧吉野川
Kyu Yoshino gawa

所在地：徳島県板野郡北島町新喜来地先
事業主体：建設省四国地方建設局徳島工事
　　　　　事務所

　阿波名産の藍は，吉野川のもたらす肥沃な土壌があって生まれた。高瀬舟で藍やタバコを運ぶ風景はもはや見られないが，旧吉野川の下流域の護岸整備で採用されたリサイクル型工法は，環境負荷の削減を図るという，これからの川づくりの在り方をみせてくれる。

ヨシをはじめ，様々な植物が繁茂している旧吉野川

脱水処理した泥土入り袋体の設置完了時
（提供：建設省徳島工事事務所）

「四国三郎」の異名をもつ大河
[河川の概要]
　吉野川は，四国の石鎚山系に源を発し，中央構造線上を流下する大河で，「四国三郎」と呼ばれる。流域面積3,750km²，流路延長194kmの一級河川で，阿波地方の交通上の大動脈であった。
　かつては，現在の旧吉野川を本流として

の新喜来地区（1997年9月撮影）

工事着手前の護岸。勾配が急で殺風景な川岸だった（提供：建設省徳島工事事務所）

完成直後の多自然型護岸。緑を育む土台が出来上がった（提供：建設省徳島工事事務所）

完成して数年経ち美しい風景をみせる

旧吉野川

いたが，いくたびもの大洪水と治水事業により今の吉野川が形づくられた。ここで紹介する事例は，旧吉野川河口から9.6kmさかのぼった新喜来(しんきらい)地区で行われた低水護岸工事である。

施工前のこの地区の護岸は，勾配が急で，水際線が単調であった。そこで，壊れかかっていたブロック積み護岸を改修し，自然の形に近い環境を再現するとともに，治水安全度を確保することにした。徳島市にほど近いこの地域は，住宅地や工業地が多いため，施工にあたっての騒音・振動等にも注意が払われた。

泥土やコンクリートのリサイクル
[改修の内容とポイント]

この事例のポイントは，リサイクル工法が用いられた点である。すなわち，工事に伴って発生した泥土およびコンクリート塊を，堤防の材料として再利用している点である。

泥土は，袋詰めされ，堤体の一部として利用された。この袋は特殊な袋で，泥土内の水分を脱水し，固化することができる。もう少し詳しく説明すると，河床に堆積した泥土を1m³程度の大きな袋に詰めて，陸上に2～3カ月おいて脱水・固化させ，その袋を堤防のところまで運び，袋詰めの状態のまま盛土材料として活用したのである。この工法は，建設省の総合技術開発プロジェクト「建設副産物の発生抑制・再生利用技術の開発」において生まれたものである。またコンクリート塊は，玉石と混ぜてナイロンラッセル網(ラッセルは編み方の名称)という特殊なネット状の袋に入れ，根固め材として利用されている。

コンクリートブロック廃材は，いったん川から持ち出すと，産業廃棄物として処理されることが多いが，ここでは，泥土やコンクリート塊を工事区域外に排出することなく現場内で処理し，産業廃棄物の量を削減している。近年，産業廃棄物の処理が社会問題となっている。多自然型川づくりは，生態系等の自然環境への配慮だけでなく，環境負荷の削減を図ることも重要なポイントである。

堤防の断面図を見てみよう。従来のコンクリートブロックに比べると，横断方向の勾配が緩やかになっており，植物が生えるように工夫されている。ヨシが生長して群生するまでの間，土の流出を防ぐために，表層を土嚢(どのう)で覆っている。土嚢の袋は，5年から10年程度で腐食し自然に戻る素材が用いられている。その下に，泥土を脱水処理した袋が2段で置かれている。上の段の袋は，植物の根が貫通することが可能な袋である。その下は，川側にはコンクリート塊入りの袋詰め玉石，陸側には連節ブロックによる護岸がなされている。連節ブロックと鋼矢板は，安全性を配慮して用いたものである。

環境負荷を小さくする工夫
[整備後の状況とその評価]

まず，多自然型工法を行っていないところへ行く。下流が堰でせき止められているせいか，とても穏やかな水面である。水は満々とたたえられ，まさに下流の風景である。コンクリートブロックの護岸の前にはヤナギモなどの沈水植物が多く見られる。

多自然型工法のところに行く。ヨシが繁茂しており，平成8(1996)年2月にできたばかりとはとても思えない。ヨシは，ポットに苗を植えて移植したそうである。現場を案内し，熱心に説明してくれた建設省四国地方建設局徳島工事事務所副所長の武智(たけち)

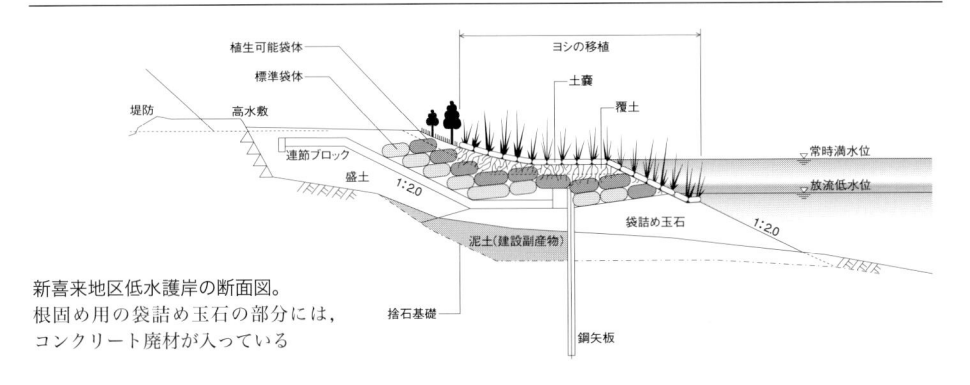

新喜来地区低水護岸の断面図。
根固め用の袋詰め玉石の部分には，
コンクリート廃材が入っている

幹雄さんに，「ヨシはこんなに丁寧に植えなくても，機械で適当に土とヨシを混ぜて移植してもうまくいきますよ」と，北上川の事例を説明する。武智さんの熱心な目が印象的であった。多自然型川づくりが上手にできたところには，このような目をした人がいる。

川の中に入ってみる。量的にはまだ少ないが，カナダモなどの沈水植物が少しずつ生えてきている。この場所では，綿密な追跡調査が行われている。泥土を使ったことによる沈下量調査，根の貫通が可能な袋に本当に根が入っていたかを調べる根の混入調査，底生動物調査，魚類調査，植物調査，鳥類調査などである。

魚類調査の結果をみると，多自然型工法がとられたところでは，ヨシ帯にコイの未成魚が，そして多孔質の袋詰めブロックのところではゴクラクハゼが確認されている。従来型のブロック型護岸の前の沈水植物帯ではフナが確認されている。沈水植物帯の有無が重要なポイントの一つであるが，多自然型工法のところでは，工事後，沈水植物帯が徐々に回復しつつあるとはいえ，上流から流れてくる土砂は多くないので，完全に回復するまでには相当の時間を要するものと思われる。回復を促進するために，一部に砂の投入などを考えてもよいのではないかと思った。

この旧吉野川の事例は，自然の形の再生に成功していること，適切な事後調査を行っていることなど，多自然型工法としても高く評価できるが，さらにリサイクル型の事業として興味深いものである。

地球温暖化防止のための京都会議(1997年12月)に先立ち，環境への負荷の問題に関心が高まったように，これからはそれぞれの場面で環境の負荷をいかに小さくするかが重要な課題である。多自然型川づくりは，これまでの事業よりも環境負荷が小さいということも重要なポイントであろう。姿川の事例(事例-07)は，京都会議のポスターセッションでCO_2削減の好例として紹介された。姿川では，自然資源を利用した河川改修の工法を採用することによって，CO_2排出量は，従来工法に比べてなんと1/7に削減されたのである。

地球環境にも優しい多自然型川づくりは，これからますますその重要性を高めるものと考えられる。

旧吉野川

多自然型川づくり事例——18

FUKUOKA

遠賀川
Onga gawa

所在地：福岡県中間市中鶴地先
事業主体：建設省九州地方建設局遠賀川
　　　　工事事務所

流域住民に愛され，親しまれてきた遠賀川。この川では，「多自然型川づくり」の良さを市民にわかってもらえるように，きめ細かな施工が行われた。筑豊炭田の真っただ中を流れ，炭鉱の町の盛衰を見つめてきた遠賀川は今，穏やかな表情で人と自然を育む。

水面に突き出した止まり木，自然を活かした遠賀川

施工者に企画意図を十分に伝える
[河川の概要]
　遠賀川は，その源を福岡県嘉穂町の馬見山に発し，福岡県北部を北流し，響灘に注ぐ流域面積1,026km²，幹川流路延長61kmの一級河川である。遠賀川はサケが上る南限の河川としても知られ，流域内には鮭神社もあり，毎年サケの放流が行われている。

石原は自然の河原をイメージしてつくられた。植物に彩られた水際，カーブを描いて延びる水制などが穏やかな川の表情をつくっている

114——多自然型川づくりの事例

の護岸

施工前の景観。水域と高水敷が分断され、水際のラインも単調で、水辺に近づき難い印象を受ける
(提供：建設省遠賀川工事事務所)

施工中のワンド部。真ん中の土に覆われた部分が中の島。止まり木(松杭)は、鳥や昆虫の休息場所、かつ、人の危険度の目安として設置。捨て石乱積み部分は、魚巣としての効果をねらった
(提供：建設省遠賀川工事事務所)

河口から10km地点の中間市中鶴（なかま）で行われた遠賀川河口堰湛水区間での事例である。ここは中間市役所から約1kmと市の中心部に近く，市民の憩いの場となっている。中間市が実施したアンケート調査によると，市のシンボルとして遠賀川を挙げる人が1位で61.3％と圧倒的に多く，河川に対する市民の関心が高いところである。

従来，矢板＋コンクリートブロックにより低水護岸が整備されてきているが，ここでは水制工，空石張り護岸，杭柵工，石原工等を用い，水の流れ，水深，底質などが変化に富む水際線の形成をねらっている。また，中鶴地区の多自然型川づくりでは，工事実施時に計画時のイメージがトーンダウンしないように，工事発注図面等に様々な工夫をしているのが特徴である。

多自然型川づくりの場合，企画時にいくら良い案ができても，施工者にその意図が十分伝わらなければよいものができない。施工時には，現地の微妙な地形や大きさが不揃いな自然材料の使用など，現場の状況に即した柔軟な対応が，企画者の意図に沿って行われる必要がある。そのため，建設省遠賀川工事事務所では，規格・寸法だけではなく，工法の機能，意図，配慮事項を明記した「施工要領図」を作成し，完成後のイメージパースも添付している。しかも，実際に施工する作業員の代表者，現場代理人，監督職員が集まり，何度も勉強会を開催した。また，ある時は現場に施工後の形をチョークで記し，イメージパースを眺めながら，みんなでその姿を確認したそうである。

マニュアルに沿って低水水制を設置
[改修の内容とポイント]

さて，ここでの中心的工法は，3基からなる水制である。建設省九州地方建設局は従来より，低水水制を設計する際の考え方や設計手法を研究しており，その成果は「低水水制設計参考資料」としてとりまとめられている。そういうこともあり，九州では多自然工法に低水水制が多く用いられている。

低水水制というのは，低水護岸に用いられる低い（高水敷の高さよりかなり低く，根固め工とほぼ同じ高さの）水制のことである（護岸には，ふだん水が流れている流路の河岸の侵食を防止するための低水護岸と，堤防を守るための高水護岸がある。中小河川では高水敷をもたない単断面となっているため，この両者に区別はない）。治水機能としては，根固め工の機能とほぼ同じで，護岸基礎部の洗掘を防止する。一方，生態系，景観，親水性の保全機能ももつ。参考資料の中では期待する効果を次のように列挙している。

・水制間には淀みが形成され，魚類の産卵場や遊泳力の小さい稚魚の生息空間になる。
・洪水時の魚の避難場所となる。
・土砂堆積，植物の繁茂などにより，水生昆虫等の生息場となる。
・空隙が穴居性生物の住みかとなる。
・藻類の付着できる面積が多くなる。
・多様な水際ができることにより，自然の風景に近くなる。
・水域との連続性が生まれ，親水性が向上する。
・平常時の流向流速に変化を与え，川らしい動きのある水の表情をつくり出す。

これらは一応納得のいくものであるが，河川の本来の姿（これをどう捉えるかは，なかなか難しいのであるが）を認識することが多自然型川づくりの基本であって，ど

こにでも水制をつくればよいというわけではない。

さて、遠賀川で用いられた水制は、低水水制といっても高さは高水敷程度であり、参考資料の中で定義されているものより高く、河岸保護効果も低水水制よりは高くなっている。

3本の水制から構成され、水制間はワンド的な空間として位置付けられている。水制の長さは低水路幅の1/10，水制間隔は水制長の3倍で、流れに対して直角に突き出している。参考資料では、水制を群で設置することを勧めており、「少なくとも3基は設置する」としてある。その根拠はそれほど強固とは思えないが、遠賀川でもこれに沿って3基設けている。なお、水制長が低水路幅の1/10，水制間隔が水制長の3倍というのは、納得できる数字である。水制先端部で流れが回り込む角度を6度とすると、水制の根本から2/3のところに流れが当たり、根本のところには直接当たらない。水制の維持を考えると、この程度でいいのであろう。

水制以外にも様々な工夫がなされている。ワンド部には鳥のための中の島をつくったり(写真参照)、魚のために捨て石を乱積みにしたり、止まり木を設けたりしてある。

ソフト・ハード両面での努力の結晶
[整備後の状況とその評価]

堰の湛水域ということもあって、水面は穏やかで広々とした風景である。多自然型工法がとり入れられたところと、そうでないところを比べると、その風景上の差は際立っている。従来工法のところは、形態が単純であり人工的で堅い印象を受ける。一方、多自然型工法がとり入れられたところは、伸びやかで柔らかい美しい風景である。水制も、広い水面の中におさまっている。

手網を使ってみる。タニシやエビやカワヒガイが捕れる。ここではコイの産卵も確認されているそうである。ふんだんに自然材が用いられているが、従来工法に比べると、1m当りの工事費は3万円ほど安くなったそうである。

多自然型川づくりを行う際、企画者が施工者にその意図を伝えることは、極めて重要なことである。遠賀川では、「施工要領図」や勉強会などを通して意思の疎通をうまく図り、現在の形ができている。

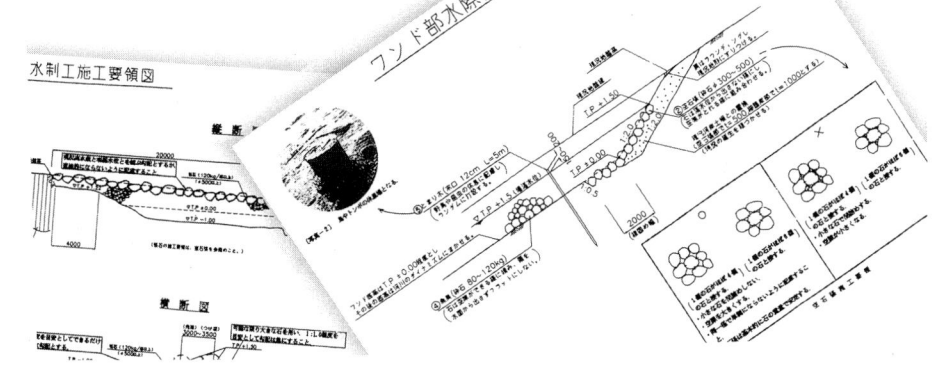

遠賀川工事事務所で作成した「施工要領図」。規格や寸法だけでなく、工法の機能、意図、配慮事項などが記されている
(提供：建設省遠賀川工事事務所)

多自然型川づくり事例──19

AKITA

子吉川
Koyoshi gawa

所在地：秋田県本荘市二十六木地内
事業主体：建設省東北地方建設局秋田工事事務所

風にそよぐ河畔林の前には，緑に覆われた水制群。遥か向こうに，子吉川が産声をあげた鳥海山が，雪を残した美しい山容を見せている。北国の短い夏に，きらめく川……。河岸の崩壊を防ぐためにつくられた水制群は，機能面を満たすだけでなく，景観的にも川の表情をリズミカルに演出している。

水制の施工課程
① クレーンを用い，根固めブロックを埋設する

② その上に捨石を敷きならす
（提供：建設省秋田工事事務所）

施工後3カ月経過(1995年6月)
(提供:建設省秋田工事事務所)

施工後1年6カ月経過(1996年9月)
(提供:建設省秋田工事事務所)

子吉川 —— 119

舟運で賑わった川
[河川の概要]

　子吉川は鳥海山を源流とし，秋田県南部を流下する，幹線流路延長61km，流域面積1,190km²の一級河川である。子吉川河口部に位置する本荘は江戸時代，舟運の要衝として栄えた城下町で，すし米として知られる本荘米の集散地であった。

　本荘平野では微高地である自然堤防が発達し，そこに集落が形成されている。多自然型川づくりが行われた二十六木地区の集落も，こうした自然堤防上に発達している。

　子吉川は，本荘市街地の上流部より大きな蛇行がみられ，新二十六木橋より上流で大きく屈曲している。「治水地形分類図」を見ると，この周辺にはいくつかの旧河道が示されており，何度も流路を変えてきたことがわかる。

河岸崩壊を防ぐために水制群を設ける
[改修の内容とポイント]

　平成5(1993)年2月7日の融雪出水で二十六木地区の河岸が削れた。災害復旧には水制を用いた多自然型川づくりが行われた。

　二十六木地区の河岸の崩壊を防ぐためには，流水を河道の中央部に寄せ，河岸付近の流速を遅くする必要がある。そのため，二十六木地区と対岸の砂洲が付いている湾曲部より少し上流の地区に，水制群が設けられた。この水制群は，景観の保持とともに，空間の多様性を確保する機能もあわせて持たせてある。

　これらの水制の設計にあたっては，「二次元浅水流解析」などを行い，その結果をもとに，次のような基本方針を定めた。

・水制の向きを流心方向に対し直角とする。
・水制長は低水路幅の15%とする。
・水制縦断間隔は水制長の2倍とする。
・水制高は低水路満杯流量を対象とし，景観に配慮して先端を低くし，スロープをつける。

　水制の構造は，法勾配1.5割，天端幅は4mとし，最下部を根固めブロック，その上に捨石(1.7m厚)，さらにその上に岩砕(30cm厚)の3層構造とした。

　施工についても配慮しており，河岸の柳を保護するため，65t吊りのクレーンを用い，樹木越しに工事が行われた。

機能的にも景観的にも成功
[整備後の状況とその評価]

　二十六木地区の水制を施工直後の写真と比べると，現在では，驚くほど水制上に植生が繁茂している。ヨモギ・タデ類が中心である。施工時に苦労して残した柳群が風景のポイントとなっており，長く突き出した水制と見事な調和をみせる。被災前は枠工で護岸がなされていたが，現在の水制の方がずっと美しい。上流の水制群にも植物が繁茂している。下部の根固めブロックが少し出ているが，それほど目立たず風景になじんでいる。

　川の中に入ってみる。水制前面は深くなっていて水制の近くまで行けず，魚影は見えるが手網では捕れない。水制基部周辺は流れが遅く，多くの稚魚が見える。水制の回りで投網を打ってみたところ，ウキゴリ，フナ，ウグイ，ヨシノボリ，タモロコ類が捕れる。さらに，水制の基部に流入する水路の流出口付近で投網を打つと，50cm以上もある大きなナマズ，コイが捕れた。

　水制に沿って下流へ歩くと，コンクリートの護岸を施してあるところに出る。その周辺は水が淀む場所がなく，稚魚は見られない。水制によって流れの遅いところがで

きていたことを再認識する。

建設省秋田工事事務所は，平成7(1995)年度に発生した3回の出水($515m^3/sec$，$853m^3/sec$，$288m^3/sec$)に対して，出水後，河床材料と河床高の変化を詳細に調査している。

出水前と3回の出水を受けた後を比較してみると，水制の前面が洗掘され，水制の根部は堆積域になっている。また，河床材料も変化が生じている。これらは水理解析で予測された結果とほぼ同じであり，期待された成果が得られているといえよう。また，$853m^3/sec$の出水のときは，水制上の水深が2m以上になったが，この程度の出水では，水制自体は何も影響を受けていない。

子吉川の多自然型川づくりは，水制を用いた事例である。近年の川づくりで失ってきた空間の一つに，河岸域の流速の遅い水域があるが（私たちは「淀みハビタット」と呼んでいる），それに伴ってできる粒径の細かい区域も少なくなってきている。水制は河岸保護の機能とともに，流速の遅い区域や深掘れ部（いわゆる淵）をつくり，生き物の隠れ家をはじめ，多様な環境を形成する機能をもっている。子吉川では，そのような物理環境が形成されていたことが，事後調査で確認された（残念ながら生物調査は行われていない）。柳の美しい風景と水制もまた，うまく調和している。

どこでも水制さえつくればよいという姿勢は自制しなければならないが，子吉川では，水制群がじつにうまく二十六木地区におさまっている。

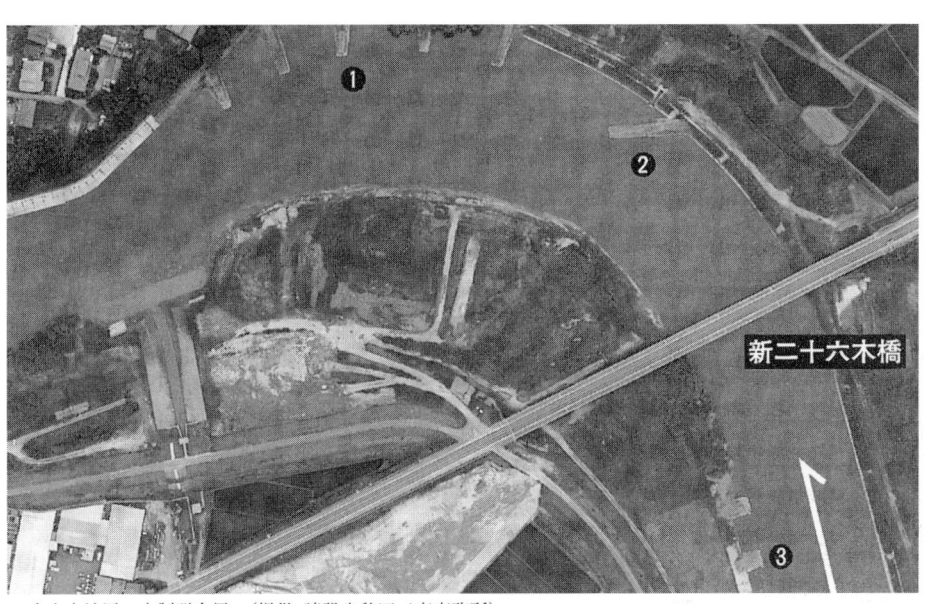

二十六木地区の水制群全景　（提供：建設省秋田工事事務所）
各水制の設計諸元
① 二十六木地区の水制(5基)：長さ20m(1基のみ16.7m)，基部の高さ2.0m，先端1.0m，角度90度
② 右岸二十六木地区最上流部の大型水制(1基)：長さ30m，基部の高さ2.5m，角度45度(下流向き)
③ 上流左岸水制群(3基)：長さ15m，基部の高さ3m，先端の高さ2.0m，流れを中央部に寄せる

多自然型川づくり事例——20

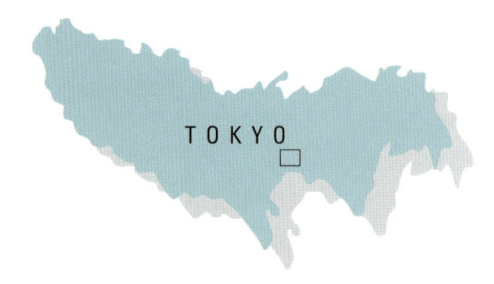

多摩川
Tama gawa

所在地：東京都調布市
事業主体：建設省関東地方建設局京浜工事事務所

川の生物の住みかとして重要な位置を占めるワンドは，多自然型川づくりでも造成されることが多い。平成5(1993)年に完成した多摩川のワンドは，水循環が図られ，一定の水環境が保たれている。その鍵を握るものは何か，今後のワンドづくりの参考になる事例。

多摩川中流部に設けられたワンド。上流端は開口していない（提供：建設省京浜工事事務所）

多摩川のワンドは，人間にとっても安らぎの空間に

ワンド施工前（提供：建設省京浜工事事務所）

ワンド施工中（提供：建設省京浜工事事務所）

ワンド施工後（提供：建設省京浜工事事務所）

なっている。開口部のある下流方向を望む

中流部に設けられたワンド
[河川の概要]

　淀川や木曾川のワンドはことに有名である。これらは流路の維持を目的として設けられたケレップ水制の回りに土砂が堆積し形づくられたものである。ケレップはオランダ語でkrib＝水制の意味で、ケレップ水制とは同じ言葉を重ねた呼び方である。わが国ではケレップ水制というと、図のようにT字型の粗朶沈床を沈めた水制のことを指している。

　粗朶とは、伐った樹の枝のことである。粗朶沈床は木の枝で床と格子を作り、その上に沈石を投入し川床に沈め、洗掘を防止するための構造物である。江戸時代に伊達藩で使われたことがあるが、本格的に導入されるのは内務省が招聘したオランダ人技師によるもので、明治以降である。緩流河川に適し、中・上流部ではしばしば破損されたため、新たに木工沈床が開発された。粗朶沈床は、現在でも信濃川や木曾川の下流部で用いられている。

　ワンドの語源については種々の説があるが、その言葉の用い方は2通りあるようである。一つは、淀川や木曾川のワンドに代表されるケレップ水制によってできたものに限定的に用いるもので、成因に着目した用い方といえよう。もう一つは機能に着目し、本川と水理条件が異なる（一般には流れが遅く、湧水などが湧く）湾状の所を広く指す場合である。どちらの用い方でもよいと思うが、近年は後者の広い意味で用いる人の方が多いようである。

　ちなみに英語ではワンドなどの河道内にある水域をBack Waterという。Back Waterを日本語に訳すならば後背水域、すなわち本流の後方にある水域となる。これは、地理用語のBack Marshが後背湿地というのと同じである。欧米においても本流と違ったワンドやタマリなどのBack Waterを、魚などの重要な住みかとして大切にしている。

　以前、ゴードンミューラー氏（アメリカ地質調査所USGSの私たちの共同研究者）にコロラド川のワンドを見せてもらった。絶滅危惧種のレイザーバックサッカー（背中に刃がついたようなカマツカのような魚齢が60歳以上にまでなる体長1mを超える魚）の稚魚をバスやギルに食べられないようにバックウォーターで育てていた。バックウォーターは、本川よりも流速が遅く、水温が高い、湧水がみられるなど、本川と異なった環境をもち、稚魚などの環境に適応した生物が生息する空間である。このよ

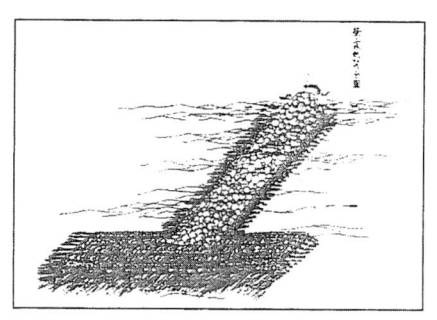

ケレップ水制（柴工水制）

うなワンドは，国内でもまた世界的にも着目されている。

前段が長くなってしまったが，本題の多摩川のワンドに話を戻そう。

多摩川では中流部にワンドを設けている。現地に行ってみて，中流部のワンド計画の要点が，ワンドの延長と本川の勾配，瀬と淵の関係にあることに気づいた。その点について後で少し詳しくみてみたい。

多摩川は山梨県丹波山村を源として東京都の水源である小河内湖に流入し，さらに流下し，東京都の羽村で玉川上水に分水し，東京都と神奈川県境を流下する。流域面積1,248.6km²，幹川流路延長138kmの直轄河川である。

ワンドは，多摩川25.5km付近の上河原堰の下流左岸側，日活撮影所のちょうど前にある。上河原堰とその下流の宿河原堰は二ヶ領用水の取水口である。

二ヶ領用水は，江戸初期につくられた用水で，多摩川右岸側の稲毛領と川崎領の二つの領を灌漑する農業用水である。その計画者小泉次太夫の名前より，次太夫堀とも呼ばれる。稲毛・川崎領とも江戸幕府の直轄領で，用水路開削は，江戸初期の幕府の経済的基盤整備のための重要な政策の一環であった。二ヶ領用水の通水前は寒村であったが，この用水の開削により1,876haの農地が開発された。

この辺りの多摩川は古来より流路の変遷が著しく，幾度も洪水に見舞われた地区である。特に1589年，1590年の出水で流路は北流し，以前は多摩川左岸であった登戸宿河原は右岸になってしまった。江戸時代になっても田地の流出は多く，河岸維持のための陳情が何度も行われている。

構造は極めてシンプル
[改修の内容とポイント]

平成2(1990)年につくられたワンドは，延長約150m，最大幅約30m，最大水深4mで，上から見ると複雑で有機的な形をしている。上流端は本川に開口しておらず，下流のみが本川とつながっている。当初，計画では上流端も開口させる予定であったが，施工中に湧水がみられたので開口させ

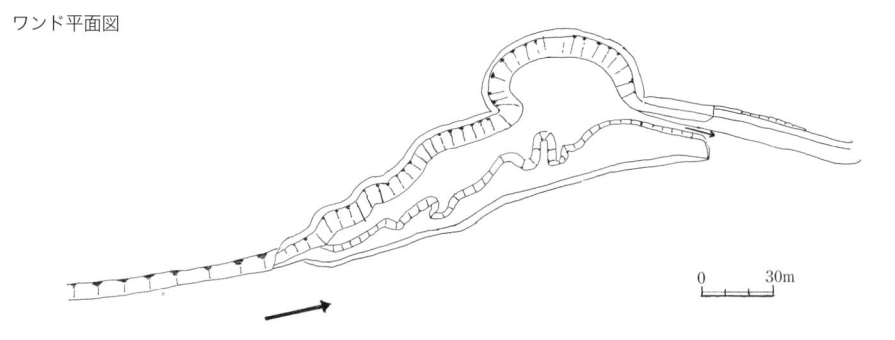

ワンド平面図

124 ——— 多自然型川づくりの事例

なかったそうである。

ワンドの構造は極めてシンプルで、もともとあった旧流路と思われる小さな入江状のワンドを大きくするような形で高水敷を掘削し、堤防側の河岸のみに籠マットを敷設し、元の土で覆土したものである。法面は工事前に仮置きしていたオギやタチヤナギを移植し、それらが安定するように板柵と杭により土留されている。法勾配は2割である。

ワンドの水循環を保つ鍵
整備後の状況とその評価

さて、現地を建設省関東地方建設局京浜工事事務所の市川河川環境課長、私の研究室の萱場主任研究員と訪れた。近づいてみると、河岸は2割勾配であり、けっこう急な印象を受ける。河岸の植生はオギが目立っている。事務所では長期間植生調査を行う場所としてベルトトランセクトを設定しており、その調査ではオギやオオブタクサなどが優占しているようである。

できて3年目であるが、水も淀んでおらず、一定の水が下流開口部へと流れている。平成6(1994)年にこのワンドの湧水量と本川の水位の関係を、私の研究室の保持研究員が測定したことがある。その日の出口付近の湧水量は51ℓ/secとけっこうな量であった。私も以前訪れたとき、ワンドの上流端と水路への出口付近の河岸から湧水がコンコンと湧き出しているのを見た。そのときの透明な水が印象的である。今日は本川の流量が少なかったせいか、湧水が少ない。

保持研究員は、そのときにワンドと本川の水位も測定している。ワンド内の水位は下流部にある水路内の杭が打たれた瀬で決まっており、それより上流はほぼ水平である。一方、多摩川本川の水位は勾配があるので上流に行くほど高くなり、ワンドの上流端の本流の水位は、ワンドの出口の所の水位より約50cmぐらい高くなっている。

一緒に行った萱場君が、「室長、室長、ワンドの水循環が保たれているのは、本川とワンドの水位差のせいですよ。ほら見て下さい」と言って、多摩川の瀬の下流と上流の水面を指した。なるほど瀬の前後で50cm程度の水位差がある。この水位差によって、水はワンドと本流の間の土の中を浸透してワンドに流入してくるのである。

砂洲は砂の波で、流水と流砂の相互作用により出来ることが知られている。砂洲の前縁から落ち込む流れとして瀬が出来るのである。だから、砂洲の前後で川の水位差は数十cmにもなる。砂洲のスケールよりも長いワンドであれば、本川とワンド内で水位差ができて、常に水循環が図れるのである。

さて、ワンドの中に目をやると、そこには無数のオイカワの稚魚が遊泳している。事務所の調査ではこれまでに10種類以上の魚類がこの中で確認されている。手網ですっと表面をすくってみた。佃煮でもできそうなくらいたくさん捕れる（けっして佃煮などにしては食べませんが）。キラキラと光る無数のオイカワの稚魚を見ると感動すら覚える。

このように、多摩川のワンドは興味深い空間を提供している。ワンドでは、水循環をうまく図ることが重要である。そのためには、ある程度、縦断方向に長い延長があり下流側に開口部を持っていることが一つの要点である。

多自然型川づくり事例——21

OSAKA

淀川
Yodo gawa

所在地：大阪市東淀川区
事業主体：建設省近畿地方建設局淀川工事
　　　　　事務所

　近畿圏の母なる川，淀川は，昔から改修が行われてきた。なかでもユニークなのが，人間が作った構造物と土砂の堆積という自然の作用の共同作業で形作られてきた，ワンドと呼ばれる池の存在。本川とは異なる環境をもつワンドは，大きさや底質などが池ごとに異なっており，多様な生物を育んでいる。淀川では，1970年代からこのワンドを保全しようという声があがり，河川改修と調和させながら，保存・復元が進められている。

ワンドは多様な生物を育む小宇宙
[河川の概要]
　本流と一部がつながった池のことをワンドと呼んでいるが，川の流量は常に変わるので，雨の降っていないときには本流から完全に切り離されたワンドもある(淀川では河川敷の本流と切り離された池をタマリと呼んでいる)。
　都市化が進んだことや河川改修によって，流域の池や沼などの水溜まり，川沿いにあった旧河道の跡，川沿いのちょっとした淀みなどが減ってきている。このようなハビタットはとても大切で，淀川の場合，近年の調査で確認された55種の魚類のうちワンドでは51種類が，貝類は，本流でわず

淀川は，市民にとって憩いの空間。平成ワンドにも釣り人や子供たちの姿が絶えない

現存するワンドに学ぶ
[改修の内容とポイント]

　淀川の近代河川工法は，政府が招いたオランダ人工師デ・レーケの指導によって明治30(1897)年〜明治43(1910)年の間，国の直轄事業として行われた。そのときに低水路を維持するために多くのケレップ水制が設けられた。現在の淀川のワンドの大部分は，このケレップ水制に土砂が溜まり，植物が繁茂して出来上がったものである（昭和14(1939)年頃の写真を見ると，水制に砂がついてワンド状になっているものの，まだ植物は十分に繁茂していない）。

　昔の航空写真には，約500個のワンドが見られるが，その後の河川改修によって，昭和48(1973)年には約100個になったそうである。このような状況のなかで，昭和46(1971)年〜昭和49(1974)年頃，住民と学識経験者が一体となった淀川の生態系保護運動が特に盛んに行われ，1974年にはイタセンパラが特別天然記念物に指定された。

　昭和53(1978)年，城北ワンド群の保存が決まり，昭和56(1981)年には建設省淀川工事事務所においてワンド保全計画が策定された。ワンド保全の基本方針は次の四点である。

　① 堤体保護のため，堤脚から最低50mの間は高水敷を造成し，これから低水路河

か3種類しか確認されていないのに比べてワンドではすべての種類(30種)が確認されている。天然記念物に指定されているイタセンパラをはじめとしたタナゴ類は二枚貝に卵を産むので，そういう二枚貝を育むワンドの存在は，彼らにとってとても重要である。

　このような理由から，単調になってしまっている河岸沿いを多様にするための一つの手段として，ワンドが注目されている。

岸の間に相当の余裕のある場所(おおむね高水敷中100m以上)について保全を考える。

② 治水上重要区域は，原則としてワンド等保全計画の対象から除外する。

③ 原則として，現在ワンド・タマリがある場所を保全の対象とする。保全すべきワンドの位置を変更する場合は，できるだけ近くの位置に計画するものとする。

④ 河川公園計画上，自然地区・野草地区においてワンド・タマリの保全を考えるものとする。

豊里地区の人工ワンド(平成ワンド)も，この計画に基づいてつくられたもので，河川改修により一部がなくなるワンドの代償として，その機能を回復するために設けられたものである。設計のポイントは，現存するワンドの構造と生物について調査し，その結果を分析したうえで規模や構造を決めている点である。以下，平成ワンドの設計上のポイントをまとめてみよう。

① 大きさ

淀川に存在するワンドは，50m²に満たないものから7,000m²に及ぶものまであるが，規模が小さいワンドには魚類数が極端に少ないものもあることから，1,000m²以上とする。

② 水深

水深と魚類数は特に顕著な関係がみられないが，四季を通じて水温が安定するように2mとする。

③ ワンドの分割数

単独のワンドよりも群となっている方が魚種数，個体数とも豊富であるので，従来のタマリと一部をつなぎ，二つの池とする。

④ 天端幅と法勾配

ワンドの護岸天端幅は6m，法勾配は1:2とする。

⑤ 天端高

既往の水制の天端高を参考に，平均低水位+0.5～1.0mとする。

⑥ ワンドの周囲堤の構造と開口部

水の循環が図れ，かつ治水的に安全であることを考え，空積みの雑割石を使用，開口部は約16mとする。

増えつつある魚介類

[整備後の状況とその評価]

現場を訪れる。淀川の右岸側，淀川大堰の上流に位置する。すぐそばに煉瓦造りの大阪市水道局の取水塔三つが堂々とした姿をみせる。

平成2(1990)年3月に完成した平成ワンドは，長さ約50mの二つの池よりなっている。一つの池は本川と上流のタマリとつながっている四角形のワンド，もう一つはそのワンドと連結され，本川とはつながっていない三角形のワンドである。

ワンドのそばまで行くと，水は澄んでおり，水質は悪くなさそうである。護岸の透水可能な構造と開口部の広さによって水循環は保たれていることがわかる。

池の中に入ってみる。河岸の勾配は2割と少しきつい感じがする。1990年の台風以降，貝類が確認されるようになり，近年，特にイシガイが多数捕獲されている。そのせいもあって，タナゴ類も増加傾向にある。それほど砂が溜まっているように感じられないが，二枚貝の存在は，砂地の部分があることを示している。また，魚類調査では24種類が確認されており，徐々にワンドとしての機能を発揮している。

ワンドの保全にとって，水循環がうまく図れ，池内の水質が保持できるかということと，河岸の構造や底質材料に多様性を保てるかということがポイントだと思うが，この平成ワンドは生物調査の結果からも一

淀川のワンドの構造と主な魚種の生活空間（原図：紀平肇，長田芳和）

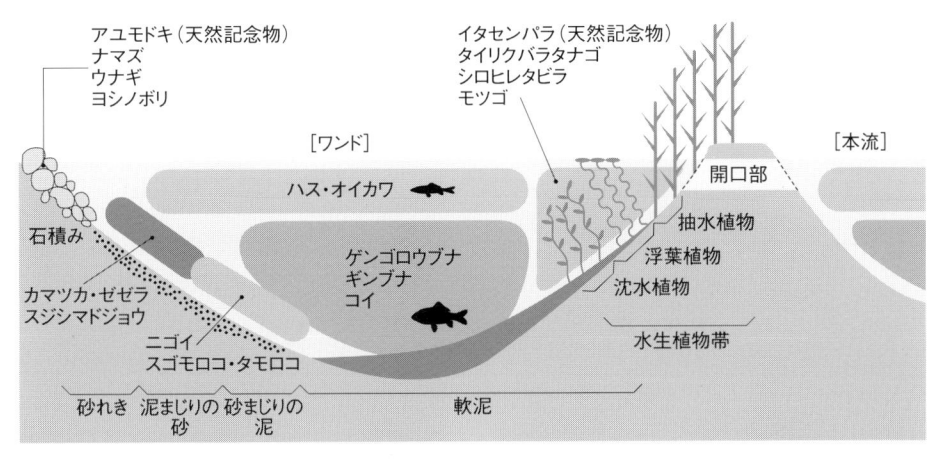

アユモドキ（天然記念物）
ナマズ
ウナギ
ヨシノボリ

イタセンパラ（天然記念物）
タイリクバラタナゴ
シロヒレタビラ
モツゴ

[ワンド]　　　　　　　　　　　　　　　　　[本流]

ハス・オイカワ

開口部

石積み

抽水植物
浮葉植物
沈水植物

カマツカ・ゼゼラ
スジシマドジョウ

ゲンゴロウブナ
ギンブナ
コイ

水生植物帯

ニゴイ
スゴモロコ・タモロコ

砂れき　泥まじりの　砂まじりの　　　　軟泥
　　　　　砂　　　　　泥

淀川の城北ワンド群。図のようにこの空間には多様な生き物が棲み分けている。右奥（右岸）に見えるのが平成ワンド（提供：建設省淀川工事事務所）

下流側から見た平成ワンド。三角形と四角形の二つの池よりなっている（提供：建設省淀川工事事務所）

応の成功をみていると思われる。欲をいえば，もう少し緩勾配の河岸が欲しいことと，本流の水位変動がもう少しあればもっと水が交換されると思われることである。河岸勾配が緩いと陸域では水分条件や冠水頻度の条件が，水域では水深や光の透過量がゆるやかに変わるので植物の多様性が増すと考えられる。また平成ワンドの直下流に淀川大堰があり水位変動が小さくなっている。

明治期につくられた人工構造物であるケレップ水制の回りに何度かの洪水によって砂が溜まり，ワンドは長い時間をかけて形成されてきた。そして，その空間は生き物にとって重要なハビタットとなっている。人工構造物と自然の営みの関わりあいによってできたワンドは，土木構造物がどのように自然と共生していけば良いのかを示す好例である。

多自然型川づくり事例——22

FUKUOKA

貫川
Nuki gawa

所在地:福岡県北九州市
事業主体:北九州市

　川は常に変化し続けている。人間が川に手を加える場合，それを計算に入れるべきなのは今さらいうまでもない。短期間で川の形が元に戻り，多様な環境が形成された貫川は，自然の力と人の技術がうまくタイアップした例といえる。

川の向こうには貫山が。貫山は中国山地の延長部にあたる貫山山地の主峰。地元では富士山と呼ばれて親しまれている。

施工前の川（提供：北九州市）

施工後10カ月経過した平成6年6月撮影。この年は渇水だった（提供：北九州市）

平成7年7月撮影。土砂が堆積し、前の川幅に戻っている（提供：北九州市）

ベッドタウンを流れる小河川
[河川の概要]

貫川は，北九州市の東南部の貫山(ぬきさん)（712m）を源とし，小倉南区曾根平野を流下する流域面積10.3km²，流路延長4.3kmの小河川である。貫山山地の東側半分は花崗(かこう)岩類からなっており，風化作用が進んでいる。流域は交通の便が良いため，近年北九州市のベッドタウンとして市街化が進んでいる。

昭和48(1973)年度より，都市小河川改修事業が着手され，下流より順次改修が進められている。平成3(1991)年度まではブロック積み護岸による改修工法が用いられてきたが，平成4年度より自然環境へも配慮した整備が行われるようになった。

多自然型の川づくりが行われたのは，河口から約3.5kmの地点にある中貫大橋から上流200mの区間である。土砂生産源である上流の山地がすぐ近くに望める。

右岸側は従来の計画どおり直線であるが，緑化ブロックが用いられ，ブロックの中には現地発生土が埋められている。左岸側は原川の線形を生かし，その用地を活用して空間に広がりをもたせるとともに，水際部に曲がりをつけた。

また河川改修後に，水路全体が浅い平瀬化した流れとなることを避けるため，低水路が設けてある。低水護岸は，水辺の生物の生息が可能となるよう自然石の乱積みとし，川の力で自然な水際線が形成されるようにつくられている。水の流れに変化をつけるため，川の中には1m程度の置き石が施されている。

功を奏した水際線の屈曲と置き石
[改修の内容とポイント]

現地入りしたのは，ちょうど雨が降った後だったので水量が豊富である。ももまでの長さのヒップブーツで川の中に入るが，ギリギリの深さである。植生ブロックにも草がよく生えている。さすが温暖な九州という感じである。完成直後の写真は見たことがあったが，その印象と比べると，ずいぶん水面は狭く，また河床も深い。土砂の生産地に近いので川の形が変わったようである。置き石の回りは複雑な流れになり，掘れたり，浅くなったりしている。

手網でガサゴソとやってみる。タカハヤ，カワムツ，トンボのヤゴなどがたくさん捕れた。北九州市水環境課の帆足美保子(ほあし)さんが一緒に案内してくれたのであるが，魚がたくさん捕れるのに驚いている。「今度，私もやってみよう」と目を輝かせている。

水際の草むらの中に大きなモクズガニが

帆足さんに魚を捕ってみせる著者
(提供：建設省土木研究所)

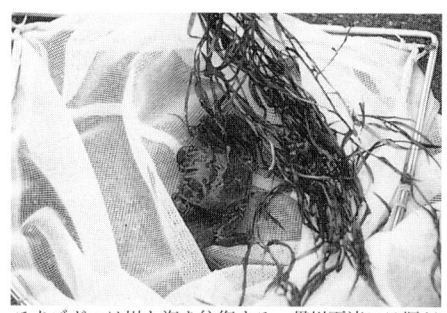

モクズガニは川と海を往復する。貫川下流には堰があるのだが，そこを越えて来たようだ。
(提供：建設省土木研究所)

いた。昔は貫川にはよくモクズガニがいたそうであるが，改修してからは初めて見たそうである。同課の吉田俊幸課長は，下流に堰があるのに，どうして捕れたのだろうと不思議がっている。水中の石をはがしてみるとヨシノボリが捕れる。というように，魚とりに夢中になっていたら，深みにはまってヒップブーツから水が入りビショビショになってしまった。

ともかくこのように，貫川の水域は水際線の屈曲と置き石によって多様な環境が形成されている。

左岸側は緩いスロープで人が近づけるようになっている。そのためもあって草刈りを行っているが，あまりに刈りすぎると，生物にとって良くないだろうし，だからといって刈らないとボーボーになる。そのへんの手加減が難しいとの話である。

川幅縮小を計算に入れた川づくり
[整備後の状況とその評価]

川の自然環境の最大の特徴は変動するということである。貫川は短期間で川幅縮小が起こった非常に興味深い事例である。

掲載した写真を見てもらいたい。一番左が施工前の川である。それが，施工後10カ月経過した平成6年の時点では，水面幅を2〜3倍に広げてある。それが翌年になると，施工前の川幅に見事に戻っている。わずか1年の間にである。

近年，河川工学ではこの現象が注目され，川幅縮小機構として，建設省土木研究所をはじめ内外でいくつかの論文が発表されている。そのメカニズムは，川幅を広げたことにより流速が遅くなり，そこに植物が生え，植物の繁茂によって流速が低減し，また土砂が堆積するという相互作用によって川幅が元の形に戻っていくのだと説明されている。

貫川は，風化を受けた花崗岩の土砂生産源から近く，極めて短い時間で川幅縮小が生じたと考えられる。低水路幅をもとの川幅より大きめにとっていたため，うまく土砂が堆積し，完成直後少し固く見えた水際線も，今は隠れてやわらかい水際線が形成されている。

このように，土砂供給が多い，あるいは土砂供給源に近い河川では，低水路を少し広めにとり，川の堆積作用により自然の形を作るというのは，基本に基づいたやり方である。

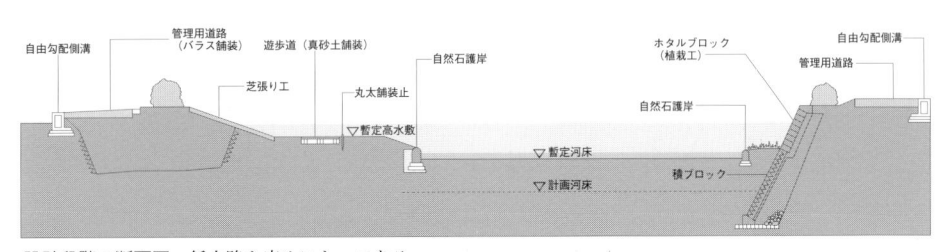

設計段階の断面図。低水路を広めにとってある。

多自然型川づくり事例——23

小田川
Oda gawa

所在地：愛媛県大洲市五十崎町
事業主体：愛媛県大洲土木事務所

川を軸にしたユニークな町づくりをしている愛媛県五十崎町（いかざき）。小田川に対する住民の思いは熱く，川もそれに応えるかのように豊かな生命を育んでいる。だが自然は時として思わぬ難題を人間に突きつける。平成7(1995)年夏の大出水で，生態系の境界に設けた移行帯が埋もれてしまった。これをどう捉えるか？

砂洲で埋まった移行帯（提供：島谷幸宏）

手漉和紙と大凧合戦の里

[河川の概要]

　小田川は四国山地大川嶺を源とする流域面積380km^2，流路延長39kmの肱川水系の一級河川である。

　ここで紹介する多自然型川づくりは，小田川が形成した内山盆地内の五十崎町内で行われた，「ふるさとの川モデル事業」の一部である。平成7(1995)年の夏，この地方は7月2～6日の梅雨前線豪雨による大出水を経験している。肱川では確率規模ほぼ1/15程度，ピーク流量3,100m^3/secと，昭和45(1970)年以来25年ぶりの大出水となり，東大洲地域に大きな被害をもたらした。なお小田川でも非常に大きい出水となり，洪水痕跡からすると，計画高水位を超えたそうである。したがってここでは，出水を経験した多自然型川づくりという観点を加えて解説する。

　小田川の清流は五十崎町に手漉和紙の伝統を生み，小田川はその紙を利用した大凧合戦の舞台ともなっている。同町では「小田川からの町づくり」をテーマに，河川を軸とした周辺地域の町おこしに取り組んでいる。例えば，「美しい小田川を未来に引き継ぐ石1個提供運動に関する要望」が昭和61(1986)年に議会で決議され，昭和62年には「いかざき小田川はらっぱ基金条例」が制定され，町民らによる寄付が小田川の環境保全のための資金として充てられている。基金による事業は，河川敷での植栽，川でのイベント助成，生物調査，河川清掃，浄化活動，小田川の歴史調査など広範囲にわたっている。また，住民主導により河川シンポジウムや自然観察会が開かれている。

　小田川を豊かで美しく親しみのある水辺空間とするための住民と一体になった様々

大出水後に残ったクリーク

な取り組みがなされている。

生態系の境界に設けた移行帯
[改修の内容とポイント]

さて,「小田川ふるさとの川モデル事業」2.1km区間は次の四つの区間にゾーニングされている。

① 野っ原・田園ゾーン…低水路のヨシ群落と緑豊かな植生で覆われるこのゾーンの特性を活かし,優れた自然環境を保全する。生物の生息環境に配慮し,自然観察の場として活用する。

② スポーツ・レクリエーションゾーン

③ 親水ゾーン

④ イベント・レクリエーションゾーン

このうち,最も下流にあたる野っ原・田園ゾーンがいわゆる多自然型の川づくりが行われたところである。改修前は低水路が狭く左岸の高水敷が張り出すような形になっていたので,低水路を拡幅し,スムーズな線形に修正された。その際,陸上生態系と水界生態系の境界部に移行帯を設けている(図参照)。空石積みによる低水護岸と水深の浅い水域および転石工により,陸域と水域の境界を曖昧にし,連続性を保とうという試みである。

低水護岸の基礎は計画河床高より2m下に梯子土台でつくられている。護岸材料としては径50〜100cm程度の巨石を用い,3割程度の勾配に設置してある。「みだれ積み」と呼んでいるように,不規則に配置され,さらに柳をさしてある。移行帯の幅も一様ではなく,低水護岸の法線を内側に最大で25m程度湾曲させ変化をもたせてある。高水護岸は練石張工で施工してある。

小田川の川づくりで何といっても特筆すべきなのは,地域と一体となって整備を進めていることである。森永隆男五十崎町長と話していると,住民が小田川を大切に思っていることがよく伝わってくる。

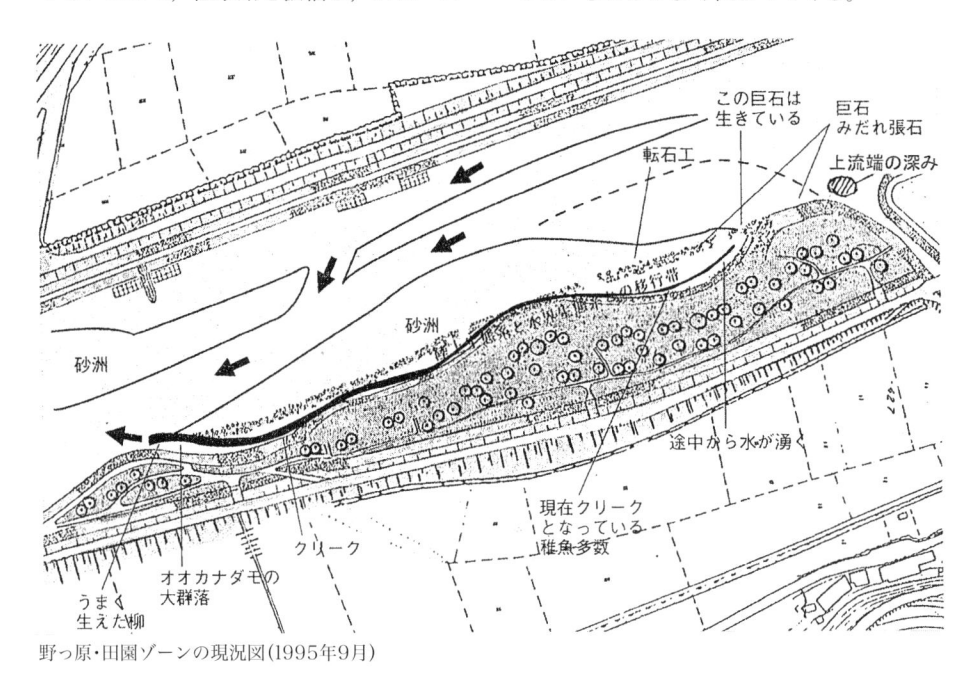

野っ原・田園ゾーンの現況図(1995年9月)

残ったクリークをどう捉えるか
[整備後の状況とその評価]

いよいよ野っ原・田園ゾーンに来る。まず上流端の巨石工の上に立つ。巨石の間からはヨモギやツル植物などが生え、巨石はあまり目立たない。五十崎町の伊達享朝(たかのり)建設課長も、「できたばかりの時は、巨石が目立って住民から苦情がきました。こんなに草が生えるとずいぶんいいですね」と草の生長を喜んでいる。上流端の巨石周りは比較的水深もあり、大きなフナやコイが多数、泳いでいるのが見えた。よい住みかになっているようである。

さらに下流に行くと、もう緑に覆われてほとんど見えなくなった「みだれ張石工」沿いに、小川（クリーク）が見える。小川の向こうには大きな砂洲が広がっている。残念ながら移行帯は砂に埋まり見えない。移行帯の一部が「みだれ張石工」沿いの小川になっている。

その小川の中に入ってみる。すごい数の稚魚である。手網をさっと入れるだけでフナ、オイカワの稚魚が何十匹も入る。とても魚影の濃い川であることにただただ驚く。その小川をさらに下ると、一面オオカナダモの花が咲いている。護岸の柳とあいまって、とても美しい。このクリーク（小川）が今後も維持できるのかどうかはよくわからないのであるが、確かに本川とは異なる環境を提供している。

さて、小田川の多自然型川づくりは、平成7(1995)年の7月に大きな出水に見舞われ、移行帯と称していた所に大きな砂洲がつき、残念ながら埋まってしまった。これをどのように考えればよいのだろうか。

改修前の空中写真と改修直後を対比してみる。出水により砂洲がついたところの平面形状は改修前の高水敷とよく似ている。とった砂洲が元に戻り、元の形に近づいたようである。この現象を改修前に予見できたかどうかであるが、おそらくそれは極めて難しかったと考えられる。というのは、「砂洲を撤去した上流端に出っ張りがあり、その出っ張りの影響で高水敷が発達していたと考えられ、そこをスムーズにすればそれほど砂は溜まらず維持できるのではないか」と考えるのが一般的な考えであったろう。詳細な砂洲の動きまで予見することは現状の机上検討では不可能である。出水を受けた後の形状から考えると、この場所は上流部の湾曲の影響を受け、固定的に砂洲ができる場所なのではないかと思えるのである。またこのような大きい出水にもかかわらず、施設被害がなかったことは評価できる。

なお、堆積した砂洲と多自然型護岸の間に残ったクリークは非常に興味深い空間を形づくっている。この空間が今後維持できるかどうかは予見できないが、この程度の空間ならば人為的に維持することも可能であろう。

さて、小田川は非常に美しく人に愛される魅力的な川である。このように土砂が移動し、常に破壊と再生が繰り返される川は、まさに生きた川であり、川の自然環境の本来の特性が備わっている。魅力が多い反面、維持や管理は非常に難しい川である。

小田川の事例は大きな出水による川の変動が、人間のつくったスケールよりも大きかったことを示している。土砂移動が大きい河川では、スケールの小さい工夫は維持が難しいことを認識すべきである。

注）後で設計者に話を聞いてみると、大きな出水があれば砂洲で埋まることは予測していたが、すぐに大きな出水があるとは思っていなかったそうである。

多自然型川づくり事例——24

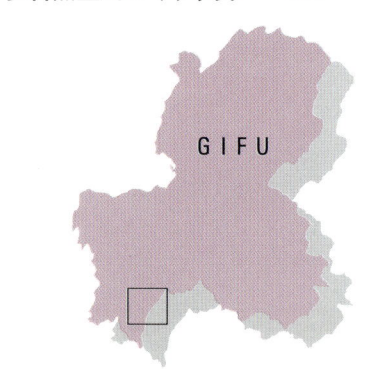

GIFU

長良川
Nagara gawa

所在地：岐阜県羽島市中小藪地区
事業主体：建設省中部地方建設局木曾川
　　　　　上流工事事務所

　木曾川・揖斐川とともに木曾三川の一つに数えられる長良川。河口から約25kmさかのぼった左岸側に，中小藪地区（岐阜県羽島市）のワンドがある。ここでは低水護岸工の設置にあたり，自然環境への影響を徹底的に軽減するための措置（ミティゲーションの手法）がとられた。

ワンド内のヒシ群落

木曾川との分流工事が行われた地点

[河川の概要]

　長良川中小藪地区の河川改修は，施工時に自然環境への影響を徹底的に軽減させようとした河川におけるミティゲーション事例として興味深い。

　ミティゲーションというのは，建設事業

138——多自然型川づくりの事例

等の人為的行為により，自然環境への影響が予測される場合に，それを緩和しようとする措置のことである。ミティゲーションは，アメリカ合衆国のClean Water Act 404条(1973年)に由来し，アメリカでは，水域の浚渫，埋立ての規制から始まり，今日ではウェットランド(湿地帯)の保全に中心が移っている。近年，日本にもこの概念が伝えられ，普及しつつある。

さて，ミティゲーションの手法は，回避，低減，代償の三つに大きく類型化される。そして，それらのうち最適なものが組み合わされて用いられる。

中小藪のミティゲーションは，そこにあったワンドの保全を図るために，回避，低減，代償の三つの手法がすべて用いられている。

長良川は岐阜高鷲村の大日岳(1,709m)を源とし，濃尾平野に出て，木曾川と並流し，揖斐川と合わせ伊勢湾に流入する流域面積1,985km²の一級河川である。中小藪地区は，明治の改修によって，木曾川と長良川の分流工事が行われた所であり，分流以前は，合流点の直上流部であった。現在は，桑原輪中を流れてくる桑原川との分流点の直上流部になっている。

昭和24(1949)年編の地形図を見ると，桑原川との合流地点付近に二つの水制が飛び出している。ワンドはこの水制の直上流にあり，大きさは長さ約15m，幅約20m程度。本川と一部がつながった小さな池である。このワンドより上流部の高水敷は牧草地として利用されているが，このワンドを境に，下流域は自然度の高い区域に連なっている。

徹底したミティゲーションに挑戦
[改修の内容とポイント]

本地区の河川改修の主目的は，河岸侵食防止のための低水護岸工(高水敷の流水部に接する護岸工のこと。堤防の護岸は高水護岸という)の設置である。しかしながらこの地区には，規模は小さいがワンドがあり，それへの影響を極力小さくするための改修方法がとられた。ミティゲーションの

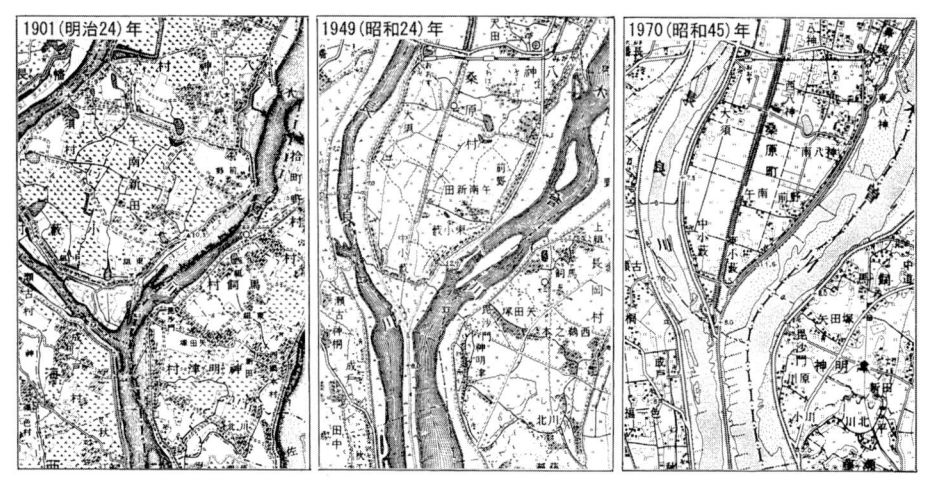

長良川中小藪地区の変遷（国土地理院1/50,000地形図より）

観点からみてみると，次のようになる。
(1) 回避
　当初の計画では，護岸がワンド中心部を通る計画になっていたが，治水上問題のない範囲で，護岸をワンドの水際付近に後退させた。また，高水敷の高さを現況のままとしている。
(2) 低減
　① 施工時の土砂掘削量が極力少なくなるように矢板護岸とした。
　② 矢板に小さい穴をあけ，ワンド側の水位と高水敷の地下水位の変動が対応可能なものとした。
　③ 施工はワンド内に入らず，すべて陸側から行った。
　④ 既存の樹木(ヤナギ)を保全するため，大きなクレーンを用い，ヤナギ越しの施工を行った。
　⑤ 工事用道路のルートを植生等の保全を考慮したルートとした。また，工事用道路は1車線として極力，環境への影響を小さくした。
　⑥ 工事による濁水がワンド内に流入しな

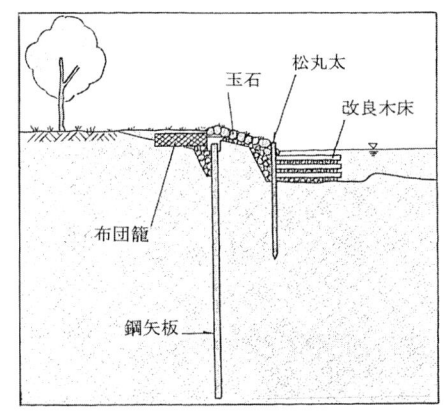

中小藪地区の断面図（ワンド区間，一般区間ともにミティゲーションの手法がとられた）

いよう，塩化ビニールパイプでワンド外に排出するようにした。
　⑦ 沈床工の施工に伴う濁水には，小規模な締切工を用い，極力ワンドの汚染防止に努めた。
(3) 代償
　① 被覆工には発生土を仮置きしたものを用い，帰化植物の侵入防止などに配慮した。
　② ワンド内における鋼矢板護岸工の前面は緩傾斜にして，玉石を詰め，植生の回復

を促す構造とした。

③ その前面にはコンクリート沈床を置き，魚類など水生生物の生息空間に配慮した。

(4) その他

事前・事後のモニタリングを行っている。

このように，徹底したミティゲーションが行われた。

保全されたワンドの風景

[整備後の状況とその評価]

現地に行くと牧草地が連なり，その奥にヤナギの一群が見える。そこがワンドである。

工事時に被覆土を仮置きして土を元に戻した所は当初の予想に反し(?)セイタカアワダチソウが繁茂している。一部にはオギが生えている。元の土を仮置きしてまた用いても，一度土を乱すと帰化植物は侵入する。しかしながら，数年でセイタカアワダチソウはオギへと変わっていくと思われる。

それ以外の風景は，ヤナギや湿地が自然的で，とても工事をしたとは思えない。

水の中に入ってみる。水温が低く，胴長をはいていても冷たい。水際に設けた沈床の石の上には藻が生えてツルツルしているので用心深く歩く。水温が低いせいで魚があまり動かないためか，魚類は多く捕れない。マコモやヨシがワンドの中に繁茂しており，湿地の中をかき分けかき分け進む感じである。魚を捕る時も，水際のマコモを踏みつけて，魚を追い出すようにして採捕を試みる。

タイリクバラタナゴ，ヨシノボリ，フナなどが捕れる。工事後のモニタリング調査によれば，魚類ではウナギ，ギンブナ，カワヨシノボリ，タイリクバラタナゴ，ウキゴリなどが採捕されている。もう少し水温が高ければ，もっと捕れるのだろう。

中小藪地区は工事をしたとは思えないほど，元の風景に戻ってきている。また，長良川河口堰が完成し，潮位の変動がなくなり，この地区の水位は安定してきている。その影響がどのように現れるかは，現在のところよくわからないが，しばらくの間モニタリングをし，見守っていかなくてはならないだろう。

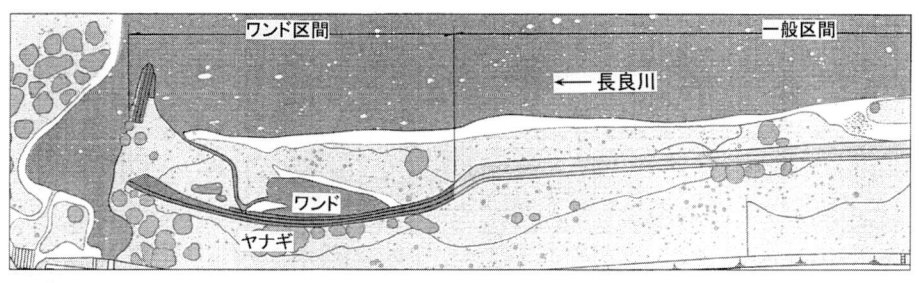

中小藪地区の平面図

多自然型川づくり事例——25

HOKKAIDO

釧路川
Kushiro gawa

所在地：北海道阿寒郡鶴居村
事業主体：北海道開発局釧路開発建設部

原始の息づかいが聞こえる雄大な釧路湿原を流れる釧路川。ラムサール条約登録地に隣接する国立公園特別保護区内での災害復旧工事施工にあたって，自然環境への影響を徹底的に軽減するための措置（ミティゲーション）がとられた。

キタサンショウウオを移植した堤防沿いの新池
(提供：建設省土木研究所)

釧路地震災害復旧とミティゲーション
[河川の概要]

平成5(1993)年1月15日午後8時6分，釧路沖で大きな地震が発生した。釧路市内での震度は6，大きな衝撃音と激しい揺れが各地に被害をもたらした。震源地は釧路市の南約20kmの沖合，震源の深さ107kmと推定され，釧路市内では観測史上初の烈震を記録した。

この地震によって，釧路湿原内の釧路川

の堤防は，ひび割れ，法崩れ，沈下等の大きな被害を受けた。地震直後から北海道開発局釧路開発建設部は復旧に当たったが，施工箇所が釧路湿原国立公園特別保護地区であり，またラムサール条約登録地に接していることもあり，計画，施工，完成後のモニタリングも含め，徹底したミティゲーションが行われた。

釧路湿原は氾濫防御のための遊水地として機能しており，復旧が行われたのは遊水地の堤防である。災害復旧による自然環境への影響が懸念されたため，釧路開発建設部では早い段階より，環境庁，北海道釧路支庁，釧路自然保護協会，釧路市およびラムサール会議準備室と協議を行い，対策方針を決定してきた。また，動植物専門家の4人の環境アドバイザーに環境チェックを委嘱し，工事を行ってきた。このような努力によってトラブルもなく，非常にスムーズな復旧が行われた。

様々な環境保全対策

[改修の内容とポイント]

(1) 地下水流動対策

湿原が維持されるための第一の条件は，一定の水位が保たれていることである。湿原の生態系は，そこの水循環に依存している。しかし，復旧工事により，この水循環が絶たれることが心配された。

釧路遊水地の堤防を復旧するためには，被災した堤防を撤去し，新たに堤防をつくらなければならない。また，堤防撤去期間中の大雨による氾濫を防ぐために，仮の堤防をつくる必要があった。そこで，安価で短期間に行うことのできる二重鋼矢板工法が採用された。これは二重に鋼矢板を打ち込み，その間に土を入れ，仮設の堤防をつくる工法である。

昭和50年代より行われていた地下水流動調査や堤防調査によれば，遊水地堤防付近の地盤は，支持層の上に水を透す(透水係数 $4×10^{-3}〜8×10^{-3}$ m/sec)厚さ約5mの砂層，その上に泥炭層がのっており，地下水は堤内から堤外へと流動している。普通の矢板を打設すると，矢板を通過する流量は，矢板のない場合に比べて約20%まで減少することが，シミュレーション計算により予測された。

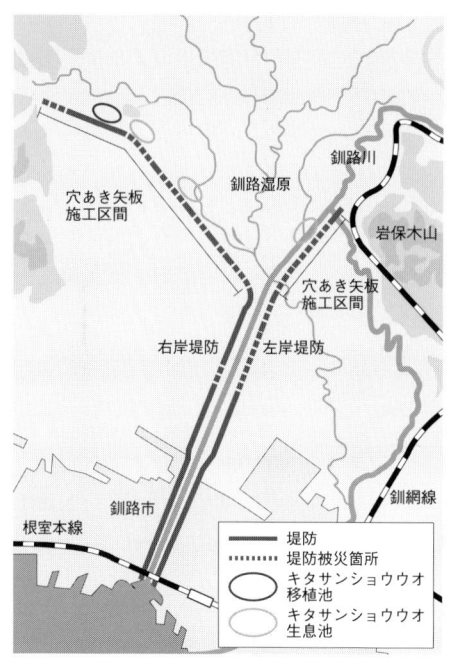

施工箇所の概略図

左/工事に用いられた穴あき鋼矢板（提供：北海道開発局釧路開発建設部）

下/造成したばかりのキタサンショウウオ移植池（提供：北海道開発局釧路開発建設部）

そこで，地下水流動への影響を軽減するため，穴あけ率4％の穴あき鋼矢板を採用した。原則として，この穴あき鋼矢板を10m間隔で用い，旧河道を横切る箇所（地下水の流動量が多い）には連続的に施工した。こうすることにより，地下水の循環量は8割がた影響を受けないと予測された。

(2) 動植物保全対策

工事による湿原内の動植物への直接的影響を軽減することは，ミティゲーションの基本である。そこで，以下のような対策が行われた。

① 工事による騒音，振動による鳥類（タンチョウやアオサギ等）に対する影響を軽減するため，低振動，低騒音工法を採用した。

② 復旧工事を行う堤防に近接したキタサンショウウオの産卵池が工事により影響を受ける。そのため，産卵池に近接した箇所の仮締切鋼矢板は，堤内側に設置する。また，堤防切回し工事に際しては，隣接するキタサンショウウオ産卵池が損傷を受ける可能性があるため，代替池を設ける。産卵後の卵塊および成体を専門家の手で保護し移転させる。さらに，移転後も数年間にわたって繁殖成功率調査を行う。

③ 湿原で火災が発生した場合には，動植物の生息環境に与える影響が大きいので，野火を発生させないように，火気の取扱いに注意した。

(3) 工事による水質対策

工事による土砂流出，工事従事者の雑排水についても，次のような対策を行っている。

① 現場事務所のトイレを簡易水洗とし，各工区に濾過器を設置して生活排水の管理の徹底を図り，湿原内に流下させなかった。

② 粉塵に対しては，工事用道路に散水をし，交通量の多い一部は簡易舗装とした。

③ 土砂流出に対しては，法面に張芝工を施工し，法尻に土嚢積みを行い，湿原内に土砂を流出させないようにした。

(4) 工事中の工事従事者への対策

現場における工事従事者へ環境意識を徹底させるため，環境面の教育を行い，マニ

ュアルを配布した。また現場での完全禁煙を実施し，そのために現場に喫煙所を設け徹底させた。

(5) 工事中および工事後のモニタリング

以上述べたすべての項目について，工事中および工事後，モニタリングを実施している。特に動植物に関しては，アドバイザーに委嘱し，工事中に現地を巡視し，工事による影響を監視した（観測地点数は表参照）。

その結果，

① 工事による地下水位への影響は特にみられなかった。

② 騒音・振動によるタンチョウへの影響は特にみられなかった。

③ 土砂流出に問題はみられなかった。特に土嚢は非常に効果的であった。

④ キタサンショウウオについては平成6(1994)年，平成7(1995)年における調査の結果，新池での卵塊数が工事前の旧池の数とほぼ同数となっている。

このように，釧路地震の災害復旧工事では，細心の注意が払われたミティゲーションが行われている。

キタサンショウウオの池

[整備後の状況とその評価]

さて，釧路湿原を訪れる。釧路遊水地の堤防は湿原の中をまっすぐに続く。右も左も美しいヨシ原が見渡す限り続く。現在，日本ではほとんど見られなくなった風景である。

釧路湿原の右岸側の堤防をかなり奥まで進むと，堤防沿いに小さな池が見える。キタサンショウウオを移植した新池である。キタサンショウウオは北方系種唯一の両生類で，北海道では釧路湿原でしか確認されていない。堤防沿いの産卵池が工事で影響

項目	測定点	測定回数
河川水位	既設3点 新設2点	工事前1回 工事中2回 工事後1回
地下水位	既設4点 新設12点	
水質 （pH,BOD,SS, DO,大腸菌群数)	23点	同上
騒音・振動	4点	工事前1回 工事中2回
動植物等	4人のアドバイザーによる巡視	定期的

工事中の監督項目

調査時期	新池	旧池	合計
1993年春	───	214	214
1994年春	185	50	235
1995年春	198	189	387

キタサンショウウオの卵塊数の調査結果
(移植は1993年5月実施。卵塊数214，成体数383尾だった。1994年と1995年は自然産卵によるもの)

を受けるので，代わりに幅1m，深さ1m，長さ10mの新池を15カ所造成した。いわゆる代償ミティゲーションである。

池にはネットが張ってある。移植した卵塊が沈まないように枯草の代わりに使ったそうである。造成してから3年以上経っており，回りにヨシも成育しているので，今ではネットは必要ないようである。釧路湿原の広さに比べると規模は小さいが，代替池としての機能は十分果たしているようである。

そのほかのミティゲーション対策は，工事が終わった今では見ることができない。釧路地震の痕跡は，この新池に見ることができるだけで，あとは雄大な釧路湿原が広がるのみである。

多自然型川づくり事例——26

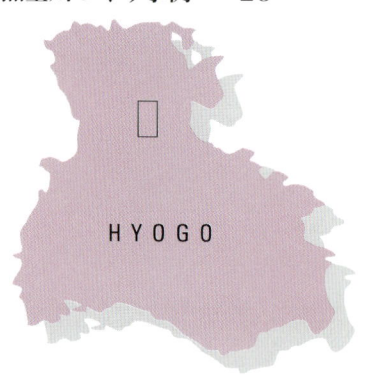

HYOGO

建屋川
Takinoya gawa

所在地：兵庫県養父郡養父町
事業主体：兵庫県八鹿土木事務所

　兵庫県中北部の山あいの川で，災害復旧の工事中にオオサンショウウオが発見された。当時は，生態にも不明な点も多かったオオサンショウウオ。県では専門家の意見を取り入れ，その保全を慮った工法を模索した。"川の主"をはじめ，水生生物が安心して棲めることを目指した川づくりの成果は……。

全面多段式落差工（下田橋から上流）。両端または中央部に捨て石をし，オオサンショウウオが遡上できるようにしている。

大坪地先

　建屋川（たきのや）改修は，これまでの事例とは異なり，特別天然記念物であるオオサンショウウオの保全，すなわち特定の生物の保全を行っている防災事業である。
　オオサンショウウオは最大で全長約130cmにもなる両生類である。工事開始後に発見され，マスコミに報道されるなど，

改修工事の間，保護・飼育されていたオオサンショウウオは，平成7(1995)年度から順次現地に戻されている。

オオサンショウウオの棲む川
[河川の概要]

建屋川は円山川の二次支川で，兵庫県養父町を北流する兵庫県管理の一級河川である。流域面積は71.6km²，幹線流路延長は14.8km，流域の9割以上が山地で，集落が河川沿いに分布する。

平成2(1990)年9月，台風19号により氾濫して沿川は大きな被害を被った。再度災害の防止のため，延長11.6kmにわたる災害復旧助成事業(超過確率1/10年)が行われることになった。

平成3年9月，下流部の工事に着手したところ，10月，工事区域内でオオサンショウウオの生息が確認され，新聞報道された。兵庫県河川課はすぐに姫路市立水族館などに協力を求め，オオサンショウウオの保護調査を開始した。

オオサンショウウオは天然記念物であるため，文化財保護法に基づいた保護調査(捕獲調査)の許可申請が必要である。調査は下流域で平成3年10月～11月，上流域で平成4年6月～7月および平成5年3月に行われ，185個体のオオサンショウウオが保護され，近傍の旧養魚場で保護・飼育された。

社会に注目されながら工事を行うということで，兵庫県の苦労は想像に難くない。姫路市立水族館の栃本武良館長をはじめ，多くの専門家の意見を取り入れながら進められた事業であるが，オオサンショウウオの生態は当時不明な点も多く，手探りの事業であった。

川が本来もつ多様性を創出する
[改修の内容とポイント]

オオサンショウウオの生態の特徴をコラムにまとめてみた。河川改修との関係で考えてみると，①魚やカニなど餌が豊富にあること，②住みかとなる窪みが河岸にあること，③奥行きのある産卵巣が河岸に必要

であること，④河岸内の移動を阻害する構造物を設けない，などであろう。①は一般の多自然型の河川整備と同様である。オオサンショウウオという種に着目した河川整備であるが，生態系の上位の種が生きていくためには，餌を含めた生態系の保全が前提にある。それに加え，大型のオオサンショウウオ特有の②～④については特段の配慮が必要である。

これらに対し，県では低々水路の設置，空隙のある護岸，魚やオオサンショウウオが移動できる落差工，玉石・転石の設置などを行っている。

まず，下流部の大坪地先を淡水生物研究所森下郁子所長と訪れた。ここは湾曲部で前後に比べ断面は広く，外岸部は低水護岸として木工沈床が用いられ，あわせて転石を河岸沿いに寄せている。雨の中で多少増水していたが，河岸沿いは人が入れるほど

で，水生昆虫や稚魚などの逃げ場になっている。この木工沈床は底生魚や稚魚の生息場をねらったものであるが，うまく機能しているようである。また，ここには砂が溜まり，カマツカなどの底生魚の住みかとなっている。河床材料がふるい分けられることにより，様々なハビタットが生まれ，それらがいろいろな生物に利用される。

次に船谷地先を訪れた。ここは大坪地先より1kmほど上流で，上・下流に多段式の落差工があり，湾曲部外岸側を一部凹ませ，そこに魚巣ブロックを投入してある区間である。当初，多段式落差工のポケット部に石を置いてあったが，出水で飛んだのでコンクリートで固めたそうである。

ここの魚巣ブロックの中に大きなオオサンショウウオがいるのを，森下さんが発見した。少し凹んでいる河岸沿いに魚が集まり，それを捕食するのだろうか。非常に感

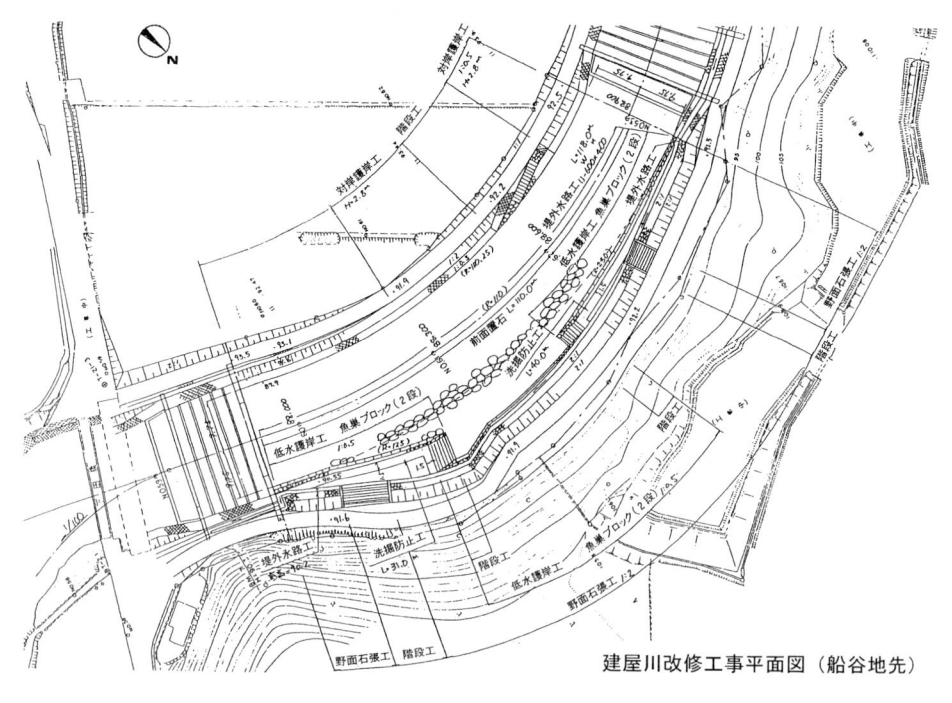

建屋川改修工事平面図（船谷地先）

動的なシーンであった。この魚巣ブロックは上下がつながったものであるが、オオサンショウウオも棲めるようである。

さて、落差工より上流部の山付き部左岸側は護岸工事をせず、河岸侵食防止のため大きな岩を寄せただけの区間である。ここは魚影が濃く、手網を水中につけて数十歩歩くだけでウグイなどの稚魚が何匹も捕れるほどである。建屋川がオオサンショウウオの生息を支えるだけの生物生産量のある川であることを実感する。

短期間での川の自然回復が課題
[整備後の状況とその評価]

平成7(1995)年の春より、まず試験的に30尾のオオサンショウウオを川に還している。追跡調査によると、3カ月平均で1個体200g増えている。体重が減った個体は4個体のみで、順調に成長しているようである。今後、残り170尾のオオサンショウウオが順次戻されるわけであるが、それらの餌となる魚類等が十分回復しているか、巣穴が十分確保されているかどうかが鍵を握るであろう。

建屋川は上流部に山をもち、土砂が運ばれ、時間の経過に伴い河道形態は元に戻る力をもっている。しかも、生物が全体的に豊富であり、一部に工事を施しても生物は供給されるだろう。自分の力で自然を回復させる力をもっている河川と考えることができるが、課題はそのスピードである。

つまり、オオサンショウウオ200尾を川に戻したとき、支えるだけの餌がどれだけ回復しているかが問題であり、短期間で自然が回復することが求められる難しい河川改修とみることができる。アユをいつもより多く放流するなどが考えられているようであるが、自立的な河川に戻るまでは人間の手助けが必要と思われる。

なお、改修後の河川は風景的には硬く、川岸に樹木がなく明るい川という印象を受けるのが残念である。護岸肩線の景観的な不連続性の解消、河畔への樹木の導入などを行うことができるかどうかが、今後のこの種の河川事業の課題である。

[コラム] オオサンショウウオの生態とその対策

■産卵
・8月下旬〜9月。[1),2)]
・普段の生息場所より上流に産卵する。繁殖期の移動は数kmに及ぶといわれている。[2)]
・産卵巣は川岸の水面下に開いている岸の窪みである。[2)]
・理想的には土手に掘られた横穴で、穴の入口がネコヤナギや笹竹などの植物の根で堅固に維持され、わずかにでも上流に向かって1〜2mの奥行きがあり、数個体の繁殖行動がとれるだけの広がりがあること、そこからの伏流水があること。[3)]
・穴が2年連続使われることがある。[2)]
・オオサンショウウオは親が卵を保護…新鮮な水、DOの供給が重要。[2)]

■幼生
・鰓呼吸をする。3〜4年間が幼生である。[2)]
・トビケラ、ヤゴなどを食べる。[2)]

■親の生態
・昼間は岩の下や川岸の木が水面近くに覆い被さる暗い窪みに隠れている。[2)]
・夜間行動し、餌を漁る。[1),2)]
・食性は魚、カニなどである。[2)]
・変態後も水中生活する。皮膚呼吸および肺呼吸で長時間水中にいる。[4)]
・爪や吸盤をもたないので、垂直に近い構造物は上がれない。[4)]

[参考文献]
1) 中村健児・上野俊一『原色日本両生爬虫類図鑑』保育社、p.16、1978年
2) オオサンショウウオ調査グループ「オオサンショウウオの謎に挑む」『フィッシュマガジン』別冊、1977年3月
3) 栃本武良「兵庫県市川水系におけるオオサンショウウオの生態 繁殖生態について(1) 産卵場所」『動物園水族館雑誌』35(2)、pp.33〜41、1994年3月
4) 谷口桝実「建屋川災害復旧助成事業とオオサンショウウオ」『建設技術研究・報告論文』1993年11月

オオサンショウウオ
(提供:建設省土木研究所)

多自然型川づくり事例——27

HOKKAIDO

石狩川
Ishikari gawa

所在地：北海道石狩郡石狩町
事業主体：北海道開発局石狩川建設部

北海道一の大河・石狩川の語源「イシカラベツ」は，アイヌ語で「非常に曲がりくねった川」の意。その名のとおり大蛇行を繰り返す石狩川の治水史はそのまま北海道開拓史だった。近年，下流部で堤防改修が計画されたが，そこにはミズバショウの大群落地がある。ミズバショウ保全のために，どんな影響軽減策（ミティゲーション）がとられただろうか？

北海道一のミズバショウの群生地

大蛇行を繰り返す大河
[河川の概要]

　石狩川は，北海道の屋根といわれる大雪山連峰に源を発する。流域面積14,330km²，幹川流路延長268kmの北海道最大の大河である。

　上流域には富良野，上川，名寄などの地質構造上の大きな盆地があり，そこで多量の砂礫を堆積させる。盆地を出ると再び山地部に入り，峡谷神居古潭を流下し，石狩平野に下る。石狩平野は極めて平坦で，そこを流れる石狩川は，大きな蛇行を繰り返

150 —— 多自然型川づくりの事例

石狩川の左岸に広がる大湿原。鬱蒼とした林の中に、ミズバショウの大群落がある

湿原と丘陵堤の境界は段差がつけられ、カラーブロック舗装の散策路が設けられている

植栽木を守り育てるために、丘陵堤の裏法に設けられた防風柵（ハードルフェンス）。このように石狩川では、強風下での河畔林造成にも取り組んでいる

すことでは日本有数の河川であった。
　石狩川の改修が始まるのは明治43(1910)年であるが、当初は蛇行を是正することは行われていなかった。河道を直線化する「捷水路方式」がとられるのは大正6(1917)年以降である。下流から順次、現在までに

29カ所，延長で約100kmが短縮されたが，そのなかで最初に着手された最大の捷水路が，最下流部の生振捷水路である。

昭和28(1953)年修正の地図を見ると，大きく蛇行した旧石狩川が，新河道と切り離されているのがわかる。大正5(1916)年の地図では，河口から数えて2番目に蛇行した内側に大きな湿地が見えていたが，1953年の地図では，そこが堤防で仕切られ，大半は石狩川の中に取り込まれている。

この湿地は約40haあり，北海道一のミズバショウの大群落地となっている。ミズバショウはサトイモ科ミズバショウ属に属し，湿原や湿地に大きな群落をつくる。生振地区では5月の連休がちょうど花期にあたり，毎年10万人近くの観光客でにぎわう。

ミズバショウ保全のためのミティゲーション

[改修の内容とポイント]

石狩川は極端な軟弱地盤である泥炭地帯を流下するため，堤防の土が自重ですぐに崩れてしまい維持が難しい。また漏水が生じやすいなどの課題があった。

そこで北海道開発局は種々の工法を比較し，最も経済的で効果も高い「丘陵堤方式」を昭和62(1987)年より採用することとした。

丘陵堤は表法勾配が10割，裏法勾配が5割と緩やかな斜面で形成されている。この断面は，①泥炭地の土の安定性を確保するためには5割以上の勾配が必要であること，②石狩川の改修では流下能力を確保するためには断面を広げ，河床掘削を行わなければならず，その残土の処分の経済性，景観・親水性，水防活動の安全性を考えると，表法勾配を10割とすることが望ましいこと，などから決められている。

生振地区の堤防は当時，計画堤防高より1.5mほど低かった。これを丘陵堤断面にするには，ミズバショウ群落に影響を与えてしまう。そのため，影響軽減策（ミティゲーション）が検討されることとなったのである。

その内容は下記のとおりである。

① 堤防法線の後退

堤防の勾配が10割と緩く，ミズバショウの潰れ地が多くなるので，それを防ぐために築堤法線をなるべく後退させた。

② 堤脚保護工の設置

高さ約70cmの積ブロックと，その先に約70cm程度離して打たれた木杭工を打つことにより，堤脚の保護を図った。木杭工は雨によって堤防の土砂等が湿原内に流入するのを防ぐために設けられた。

③ 散策路

幅約2.4mの散策路を設置した。これは，来訪者にミズバショウを鑑賞する場所を提供し，加えて堤防と湿原の分断化を図り，芝など他の植物がミズバショウ群落内に入り込まないようにするためである。堤脚保護工とあわせると，幅約4mの緩衝帯が確保された。

④ 潰れ地のミズバショウの移植

築堤によって約7%のミズバショウが消失するため，生振地区の上・下流やオカバシル川，南の沢川，滝の公園などに計1,150株を移植した。

技術と自然の狭間で

[整備後の状況とその評価]

現場は丘陵堤というだけあって，堤防はなだらかでじつに堂々としている。裏法には防風柵が設けられ，その内側でカワラハンノキなど河川固有の植物の復元も行われている。

堤防の上に立ってみる。ヤナギ，ハンノキなどが生えた湿地が広がり，その下にミズバショウが見える。水面を見通すことはできず，川の中とは思えないほど広い湿地が広がっている。

湿地に近づいてみる。散策路はカラーブロック舗装がなされているが，色の彩度が高く，あまり自然には合っていない。散策道の積ブロックと木杭の間には土が堆積し，木杭はほとんど見えない。芝が混入した様子も見られず，分離帯と杭の効果が見られる。

ミズバショウは80cm程度の大きな葉を見せていた。立派な群落である。湿地40haはあまりにも広く，全体を見渡すことはできなかった。

このように石狩川では，ミズバショウ保全のために法線の工夫，移植による代償，他種との分離，土砂侵入の防止など様々なミティゲーション手法がとられた。移植にあたっては，地域住民の協力も得て，なるべく多くのミズバショウの保全を図ったが，それでも約3haのミズバショウは消失した。3haといえば3万株相当であり，全量移植は困難であっただろう。

生振地区は，日本では数少ない保護型の多自然型川づくりである。石狩川の大蛇行が残した広大な湿原と堂々たる丘陵堤に雄大な北海道の自然環境を感じた。

注)法勾配について：10割というのは比高1mを得るのに水平距離が10mの勾配を，また，5割というのは1mの比高に対して水平距離が5mの勾配をいう。法勾配が10割というのは極めて緩やかなものである。

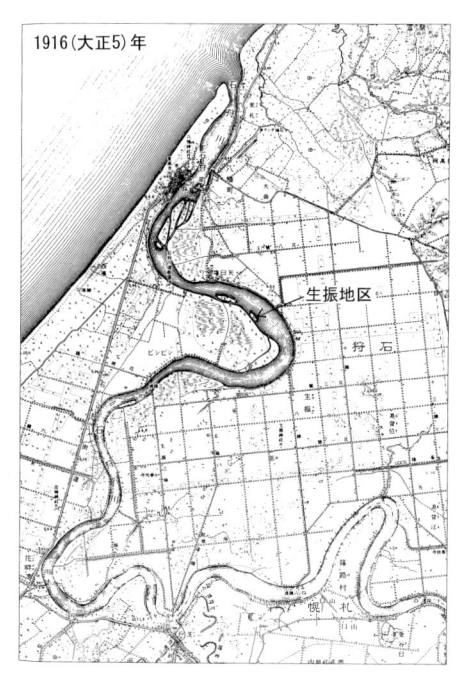

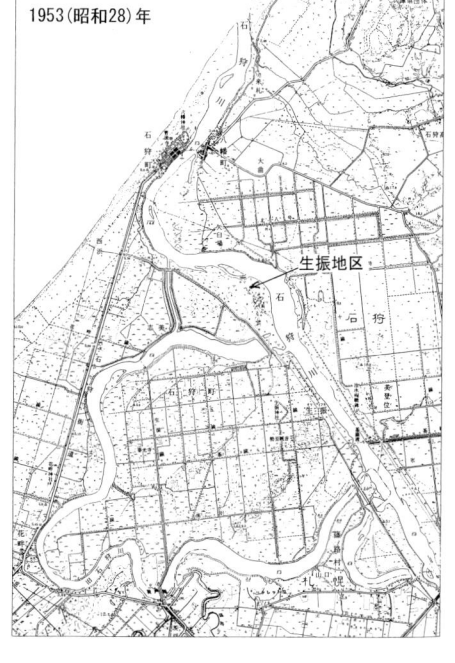

大正5(1916)年と昭和28(1953)年の地図（提供：国土地理院）

多自然型川づくり事例——28

GUNMA

粕川
Kasu kawa

所在地：群馬県佐波郡赤堀町
事業主体：群馬県伊勢崎土木事務所

国定忠治ゆかりの赤城山からほぼ一直線に流れ下り、赤堀町あたりでちょっと一息ついた粕川は、さらに利根川へと旅を続ける。「ふるさと創生事業」と一体化して行われた赤堀町の川づくりでは、数年前のアドバイスが、こんな形で活かされていた……。

粕川（右側が「せせらぎ公園」、左側が「中の島」）

整備したばかりの頃。水際が少し硬い印象である

「せせらぎ公園」の中央部を対岸より望む、親水型の整備

以前はこのような治水中心の改修が行われていた
（下流側）（提供：建設省土木研究所）

「中の島」裏側の分水路（提供：建設省土木研究所）

粕川 ―― 155

公園と一体化した整備事業
[河川の概要]

粕川は，群馬県の赤城山（標高1,828m）を源とし，赤城山腹をほぼ真南に流下し，伊勢崎市を貫流して利根川の一次支川広瀬川に合流する，流域面積92.5km^2，流路延長34.8mの一級河川である。

多自然型川づくりは，中小河川改修事業によって行われたもので，「ふるさと創生事業」として取り組まれた「赤堀町せせらぎ公園」の建設と一体的に整備された所である。源流からここまでの流域面積は55.6km^2，河床勾配は1/150である。

数年前に，当時の群馬県河川課の大平課長に頼まれて訪問した所である。当時伊勢崎土木事務所の次長だった戸丸(とまる)さんがとても熱心に話をしてくれたのを思い出す。

多自然型川づくりが全国的に始まったばかりの頃で，粕川ではまだ親水的な整備が中心に行われていた。次長の話では，親水的整備をさらに上流に延伸させ，対岸の林になっている部分に公園をつくる予定であるという話であった。とてもこんもりとした林だったので，「全部木を切るのはもったいないですね。一部を島として残してはどうでしょうか？」「公園側の河岸は緩やかにして，アンジュレーション（起伏）でもつけて，公園と一体的な感じをもっと出せないでしょうか？」というようなことを話したように記憶している。戸丸次長の熱心な顔が印象的であった。

河畔林を残した島と河岸のアンジュレーション
[改修の内容とポイント]

さて，その時のことはすっかり忘れていたが，何年かぶりに他の仕事でここを訪れることになった。戸丸さんも一緒である。私の言ったことが，さらにいろいろな工夫を加え実現しているのに驚いた。

粕川の多自然型川づくりは，右岸側の林の一部を島として残したことと，左岸側の起伏をつけた河岸処理がポイントである。

下流の断面と同じ形状のまま上流に延伸すると，河道形状が非常に単調になってしまったり，せっかくの河畔林が少なくなってしまうという恐れがあった。そのため，河畔林の一部を残し，さらに右岸側に分水路を掘り，幅10m程度の「中の島」としたのである。

島の上流端は，水が直接当たるため，巨石で固めてある。分水路の右岸側の河岸処理は杭柵工で行われており，左岸側は島でかつ水裏部ということで，特別な河岸処理はされていない。公園と連続した河岸は，下部約1mを空石積みで行っている。それより上部は，水裏部ということもあって，芝を張ってあるだけである。

島状に樹林を残すときの課題
[整備後の状況とその評価]

公園から多自然型川づくりが行われた箇所へと降りていく。法面は芝がよく手入れされ，アンジュレーションもきれいである。法面からは河岸の先にある巨石は見えない。対岸の島も木の勢いが少し弱いようであるが，なかなかいい雰囲気である。自分が関わったので，ほっと一息という感じである。

水の中に入る。川岸の巨石の間からは草が生えてきている。石と石の間の空隙は小さく，手網をしても稚魚以外は捕れない。もう少し空隙が欲しいところである。水は透明で浅い。お母さんに連れられた小さな子供も何人か遊んでいる。河岸には水草がびっしり生えている。平成8(1996)年は関

東地方では多量の雨が降らず渇水で，河床が動いていないからだろうか？。

投網を打ってみると，島の回りではウグイ，カマツカ，オイカワ，タモロコ，アユなどが捕れる。特に，飛び石の設置部分の周囲は洗掘されており，少し深くなっている所にはたくさんいる。さらに少し上流に落差工があり，その下の深掘部でも打ってみた。そこでは15cmを超える大きなウグイが多く捕れる。このような浅い川では深い所が少ないので，こういった落差工の下の深みに魚がよく集まる。

さて，島に上る。ニセアカシア以外の木が枯れかかっている。陸側と連続性を絶った島にしたので，保水力が十分でないらしい。環境を変えると，もとどおりの木がそのまま生きていけるわけではない。アイディアはとてもよかったけれど，こういう点が難しいところである。

さらに島の向こう側の分水路に出る。洪水の時に土砂が堆積したためか，分水路の入口の部分が塞がっている。このような分水があった場合，洪水の時の水は，流れの速い表面はまっすぐに，流れの遅い底の水は分水路に流れ込む性質がある。底の方の水に土砂がたくさん含まれているので，どうしても分水路側に土砂が流入しやすくなる。入口は塞がれても，分水路の途中からは水が湧き，たくさんのトンボやアメンボが産卵している。

粕川は，せせらぎ公園と一体的に整備されているので，親水的要素が強い多自然型川づくりである。河畔林を島として残したことにより，環境の多様性は確保できている。しかしながら，島状に保存する場合にはいくつかの課題が考えられよう。保水のためのある程度の規模が必要であること，環境の変化に伴い樹種は変わっていく可能性があること，あるいは，変化後の環境を考えた樹林の管理が必要であることなどである。

粕川を訪れると，治水中心の河川整備，親水重視の河川整備，自然環境を考えた河川整備という，河川整備の歴史が一望できる。この事例をみると，自然環境を考える整備への転換が間違いではなかったことを実感できる。

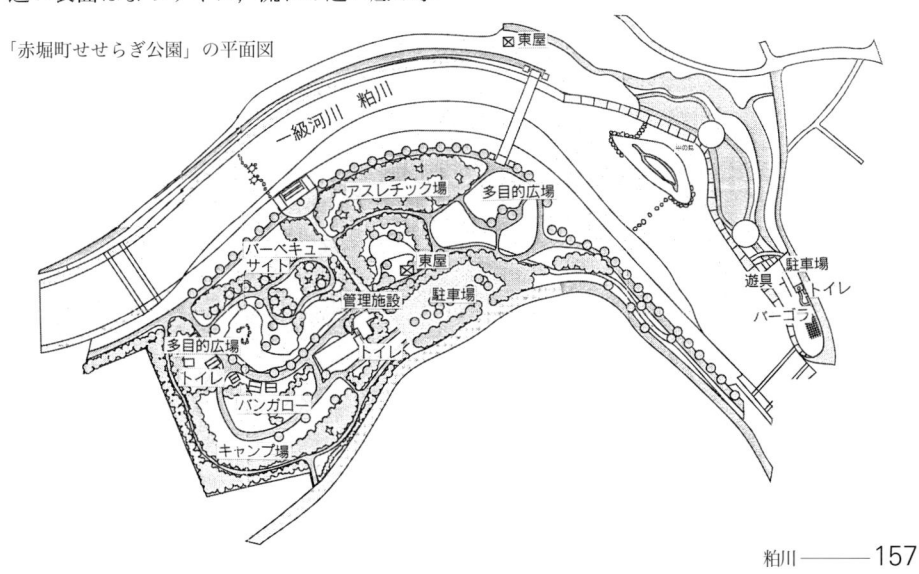

「赤堀町せせらぎ公園」の平面図

多自然型川づくり事例——29

NAGANO

梓川
Azusa gawa

所在地：長野県南安曇郡安曇村
事業主体：建設省北陸地方建設局
　　　　　松本砂防事務所

北アルプスの槍ヶ岳に源をもつ梓川。上流域の上高地は，中部山岳国立公園の景勝地として名高い。雄大な山岳美，ケショウヤナギの姿を映す清流……。だが，その背後には，土砂災害・洪水氾濫の危険が迫っている。梓川の事例は，景観の保全に配慮した砂防事業。

梓川（安曇村上高地左岸付近，第6帯工と明神岳）

河川の変動と安定を同時に満たす
[河川の概要]

　河川の自然環境の最大の特徴は，洪水による攪乱とそこからの回復過程で，常に変化し続けているということである。例えば，大きな洪水によって河床の石は転がり，川底に棲んでいた底生動物はダメージを受ける。砂洲上の土砂は移動し，そこに繁茂していた樹木は破壊される。そしてその後，先駆植物が侵入し始め，徐々に遷移していく。このような自然の攪乱があって初めて生きることができる生物が，河川にはいる。その代表的な植物がケショウヤナギである。

　一方，河川事業や砂防事業は，河川の乱流や変動を，人の生活が脅かされない範囲に限定あるいは安定化させようとする行為ということができる。

　梓川で行われている砂防事業は，ケショウヤナギの成育に必要な環境を保持するた

梓川（明神橋付近，第6帯工）

ケショウヤナギ（提供：島谷幸宏）

めに，変動と安定という，ある意味で相反することを同時に満たそうとする事業である。全国で種々の多自然型川づくりが行われているが，河川の自然環境の最大の特徴である変動を許容した事例は多くない。ケショウヤナギを保全するために，河道の変動を許容した事例をみることができるということで，興味深く上高地へと足を踏み入れた。

ケショウヤナギの保全と砂防事業
[改修の内容とポイント]

　高くそびえる雄大な穂高岳，あくまでも透明な梓川，いくつかの橋梁，そしてすがすがしいケショウヤナギの河畔林。上高地は日本を代表する山岳景勝地である。

　ケショウヤナギはヤナギ科，ケショウヤナギ属一属一種で，その名は若い枝に白い粉を付けることによる。分布域はアムール川流域，中国東北部，朝鮮半島中北部，沿海州，樺太などの東シベリア，極東域で，

梓川 ——— 159

わが国では北海道および長野県に分布している。ケショウヤナギの種子は風により運ばれ、流路変化などによる攪乱によって生じた砂礫裸地に先駆的に侵入し、その早い成長速度によって樹林を形成する（10年で樹高10m、20年で樹高15mにも達する）。

建設省北陸地方建設局松本砂防工事事務所では、ケショウヤナギに関する綿密な調査を行っており、ケショウヤナギ群落の成立過程を模式化している（図参照）。

ケショウヤナギ群落が存続する条件は、①平坦な砂礫地が頻繁に生み出されること、②種子を供給するケショウヤナギ母樹林が存在すること、である。このことから、梓川における砂防事業にあたっては、ケショウヤナギの存続条件を保つため、次のような基本方針が立てられた。

河道の変動を許容し、常に砂礫地が生み出されるように、①広い河床の確保、②澪筋の変動の許容、また母樹林のために、③広域的な視野で流域として重要性の高い林は極力残すようにしている。

梓川本川の砂防事業は、堆積した土砂の二次移動を抑制すること、周辺観光施設への氾濫を防止すること、の主として二つの目的で行われている。前者のためには帯工が、後者のためには堤防が設置されている。

一般的な帯工は、流路を中央に固定するため一部が低くなり、両端の袖の部分が高くなっている。しかし、ここではケショウヤナギの保全のため、流路を固定しないように袖部を設けない構造にしている。また、構造物の表面にコンクリートが露出しないように玉石が張られている。堤防にはコンクリート護岸が設けられているが、その上は修景のために蛇籠で覆われている。これらの工法は環境庁と協議のうえ、採用されたものである。

上高地の景観への配慮

［整備後の状況とその評価］

松本砂防工事事務所の丸山啓二郎環境対策課長の案内で、電気自動車に乗って梓川に向かう。特別名勝、特別天然記念物ということで、環境対策にはかなり気をつかっている。その一環としての電気自動車だそうである。

いよいよ梓川に来る。梓川沿いには、湧水が水源となった何本ものクリークが流れている。クリークには藻が繁茂し、何匹ものマスの姿が見える。ブラウントラウトやニジマスなどである。観光客も足を止め、クリークをのぞき込んでいる。明神池を通り過ぎ、さらに上流に行くと明神橋に着く。

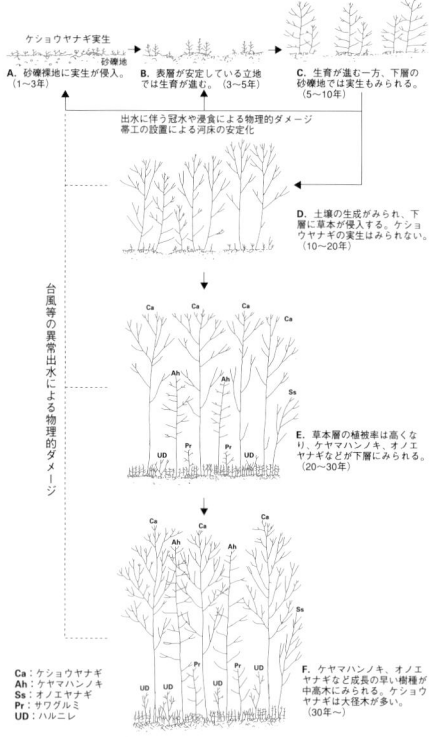

ケショウヤナギ群落成立過程の模式図（松本砂防工事事務所の資料より）

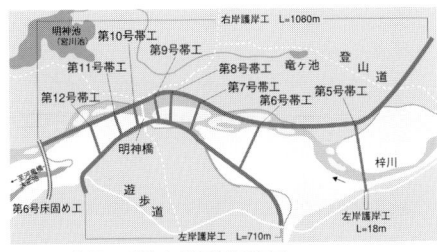

梓川上流部の砂防事業区域平面図

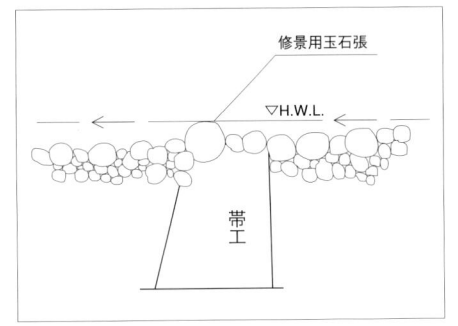

帯工の側面図（概念図）

ケショウヤナギ林の緑と青い空，それに北アルプスの山並みと清冽な流れが美しい。眼前に広がる河原は広大で，所々にヤナギが生えている。「河床が変動した後に，先駆的に生えてきたケショウヤナギだ」と丸山課長が教えてくれる。近寄ってみると，若い枝は粉を吹いておしろいを付けたように真っ白である。まさに名前の通り化粧をしたようだ。

流路の部分を見ると，白波だった瀬が見える。その瀬の部分が床止めだそうだ。もっと近寄ってみる。一部が少しだけ頭を出しているが，教えてもらわなければ，どこにあるのかわからない。広大な河原を保ち，変動を許容するということは，こういうことかと感心する。

蛇籠の堤防はけっこう大きく，ゴツゴツしていて少し気になる。河床材料と蛇籠に使ってある材料が同一物であるせいか，観光客はあまり気にしていないようである。

個人的には，ヤナギで隠れるともっといいのではないかと思う。

河原を歩いてみる。とてもフカフカした感触である。土砂がいつも動き，河床が硬くなっていない証拠である。

水の中の石をひっくり返してみる。水生昆虫の姿が見えない。また一個また一個と裏返してみる。やっと一匹小さなカゲロウらしき水生昆虫を見つけた。石自体もざらざらして付着藻類の量も少ないようである。まさに"水清くして魚住まず"である。栄養分が足りないのと，河原が常に変動するのが原因だろう。

このように梓川では，ケショウヤナギを保全するために，川をなるべく固定しないこと，川幅が広くとれるところではなるべく広いままにすること，を基本に砂防事業が進められている。また最近では，なるべく構造物を作らない砂防を行おうと，一歩進んだ検討を行っている。

なお，上高地の自然環境は大正4(1915)年の焼岳の大噴火により一変した。現在の地形はこのときに形成されたものがベースとなって，新たなバランスを求めて河川はまさに変化する過程にある。土砂崩壊が著しく，上流から流れてくる土砂の量が多く，自然のままに放っておくと，あっという間に地形は変わっていく。

現在，上高地のシンボルである大正池の環境を保全するために環境庁により浚渫が行われている。自然のままに放っておくと自然環境が護れないというのはまことにもって矛盾であるが，変動するということがまさに河川の自然環境の本質であり，こういう事態があるのもまた事実である。

多自然型川づくり事例——30

AICHI

矢作川
Yahagi gawa

所在地:愛知県豊田市越戸町
事業主体:豊田市

矢作川では，長年にわたり官・民が一体となって河川の問題に取り組んできた。ここで紹介する河畔林の維持再生の試みにより，川辺の自然環境のみならず，人と矢作川の関係はますます豊かになっていくだろう。

河畔林に延びる遊歩道。川面を垣間見ながら楽しく散策できそうだ

市民と行政の連携プレー
[河川の概要]

　矢作川は木曾山脈南部の大川入山(1,908m)を源とし，中流部で愛知県豊田市，岡崎市を貫流し知多湾に注ぐ，流域面積1,830 km^2，流路延長117kmの一級河川である。

　矢作川中・下流部は，自動車生産で知られる大工業地帯であるとともに，「日本のデンマーク」といわれる一大農業地帯でも

ある。そのためもあって，矢作川の水利用量は多く，1年間に流出する水量の実に40％近くが利用されている。

また矢作川は，市民・行政が一体となって河川に関わってきた長い歴史・文化をもっている。豊田市矢作川研究所の新見幾男さんの文章を引用し，その歴史を少し振り返ってみたい。

「……昭和30年代末から40年代初期の経済高度成長への入口の時期に，河川の漁業団体が単独で矢作川の最初の汚濁（山砂利，窯業原料採取関連）と戦ったが，水質汚濁防止法制定以前のこの戦いは，被害者側の敗北に終わった。……昭和40年代中期以降には，矢作川沿岸水質保全対策協議会（略称・矢水協）が結成され，上記の矢作川最初の泥水汚濁と自動車産業関係の工場排水汚濁を解決した。……慢性汚濁時代に入った昭和50年代には，民間有志が『月刊矢作川』という雑誌を100カ月にわたって発行し続

け，全流域にわたって矢作川愛護の思想を普及させた。……この雑誌の100カ月(1977年4月～1985年7月)が『矢作川流域は一体』の住民感情を初めて育てた功績は，まことに大きかった。……こうした活動とは別に，矢作川流域の豊田圏では，植物，野鳥，魚類，昆虫，地質，天文などの自然の調査研究活動が永年にわたって民間側(豊田市自然愛護協会等)によって続けられ，それを官側が支援してきた。……市街地の矢作川では，民間有志が『矢作川筏下り』の大規模な市民行事をすでに10年(1987年～)以上続け，矢作川愛護の思想を，これまでとは違った市民層にも広めている。平成6年4月，豊田市水道局が市民・事業所負担による『豊田市水道水源保全基金』をスタートさせた。水道使用量1tにつき1円を，市民90,000戸，事業所18,000戸，合計約108,000戸から拠出してもらい，基金(年間約4,500万円)に積んで，それを矢作川上流の水源涵養林保全等に投入していく制度である。都市の資金を市民レベルで源流域へ還流させていく方法を具体化したことが高く評価されている。『矢作川流域は一体』とのかけ声が先に普及し，それが豊田市において初めて実体を伴う制度にまで発展してきたのである」(『矢作川研究』No.1，1997年より)

平成6(1994)年には，豊田市と枝下用水土地改良区・矢作川漁業協同組合(とりあえずこの3団体で仮発足)により第三セクター方式で矢作川の現状を調査し，具体的な保全策を探求し，客観的な議論の材料を社会に提供することを目的とした「豊田市矢作川研究所」が発足した。1997年度末には年報第1号も出し，活発な活動がなされている。

また矢作川では，農業団体，漁業団体，市民，民間企業などが一体となって様々な活動を行っている。その一つが多自然型川づくりの推進で，1991年には豊田市矢作川環境整備検討委員会のメンバーが，スイスとドイツで近自然河川工法を視察し，その後，矢作川をはじめ市内のいくつかの川で多自然型川づくりが行われるようになった。

河畔林の維持再生を図る

[改修の内容とポイント]

矢作川の多自然型川づくりは，異常に繁茂した竹林を伐採し，河畔林を維持再生しようとした事例である。河畔林の整備が行われたのは，矢作川の右岸，豊田市の中心部に近い，お釣土場周辺である。土場とは川港のことで，豊田市は以前挙母と呼ばれ，塩などの下流の物資と木材などの上流の物資が交易される場所として栄えていた。トヨタ自動車の工場が進出し，昭和34(1959)年に豊田市と改名した。

お釣土場では，平成9(1997)年3月に一部を残して竹の間引きもしくは皆伐が行われ，遊歩道が整備された。伐採直後の竹林で詳細な調査が行われている。高さ13～18mのエノキ，ムクノキが高木層を形成し，その下に高さ10m程度のマダケが繁茂し，さらにその下にはヤブツバキ，シラカシ，アラカシ，ヤブニッケイなどの照葉樹が見られ，地上近くには草本類のホウチャクソウ，ウラシマソウが存在するという，重層的な樹林を形成していることが明らかになった(図参照)。竹林内は一般に植物の種類が少ない(植物相が貧弱)といわれているが，お釣土場では，今回伐採を行わなかった調査区(5m×5m)の中にも，実に28種類の植物が確認され(中坪，洲崎『矢作川研究』No.2，1998年)，豊かな植生がもともと存在していたことが判明した。

この地区は昭和20(1945)年頃まで，竹

材あるいは薪炭材(エノキ，ムクノキ)の供給地として地域の人たちが共同管理し，竹や樹木の伐採を行っていた。そのため，竹の密度が低く，林内が明るく，落葉が樹林の中で見られるように維持され，多様な植物相が保たれていたと考えられている。この地区のエノキやムクノキの樹齢が40年以下だということからも，この理論(中坪，洲崎：前出)は納得できる。

エノキやムクノキは，後背湿地の微高地や自然堤防上に生育する，いわゆる川辺の樹木である。これらの種の維持には洪水による冠水などの攪乱が必要で，冠水がなくなり環境が安定化すれば，シラカシなどの照葉樹林に変わっていく。

近年の矢作川は，砂採取による河床低下，上流ダム群による洪水調節によって高水敷への冠水頻度は下がっており，自然による植物帯の攪乱は以前よりずっと減っている。しかも薪炭材や竹材などに利用されることもなくなり，人為的な攪乱も期待できなくなっていた。このまま放置しておけば，いわゆる川らしいエノキ，ムクノキ林から平地で見られるヤブツバキなどの照葉樹林に変わってしまい，植物の多様性も低下すると予測された。そこで豊田市は，竹林の一部を伐採して林内を明るく保ち，これまで人為的な管理や自然の攪乱によって維持されてきた河畔林の植生を残しながら，レクリエーションや環境教育の場として利用していくための試みに着手したのである。

川の自然環境の特徴を活かす
[整備後の状況とその評価]

担当の豊田市河川課の宮田昌和さんに，朝早く現場に連れて行ってもらう。上を見るとケヤキやムクノキにキヅタが絡みついて高くまでよじ登っている。その下に，竹，ヤブツバキ，チャノキ，さらに下草が生えており，重層的な林内構造が独特の風景を形づくっている。

整備前は密生しており人が立ち入れる状態ではなかったそうだが，竹を伐採し，根を取り除いて，延長約400m，幅員約3mの遊歩道にしてある。周りの鬱蒼とした竹林は，現況の樹木や景観に配慮して，皆伐した部分，程度の異なる間引き部分，それに全く手を付けずに残した部分を適度に配置してある。これは，現地の環境を一気に改変しないようにするためと，間引きの程度による植物の遷移を調べるためである。

朝日が林内に差し込み気持ちがよい。間引いたという感じが，朝の光を受けて実感できる。なかなか美しい樹林である。所々に垣間見える川面もまた美しい。

矢作川の洪水は砂の流出量が多いので，おそらくこれらの樹林帯は，土砂を落とさせる効果を期待して植えられた水害防備林と思われる。宮田さんが，林床の幼木を指さして，竹を伐採して明るくなったので萌芽してきたこと，切り取った樹木や竹はなるべく川から持ち出さないで林内に置いていることをとても嬉しそうに教えてくれる。豊田市の人たちが矢作川をとても大切にしていることが伝わってくる。

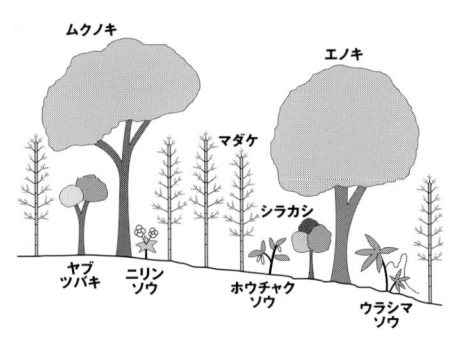

お釣土場地区の群落断面模式図（中坪，洲崎『矢作川研究』No.2，1998年を基に作成）

多自然型川づくり事例——31

NAGANO

千曲川
Chikuma gawa

所在地：長野県長野市
事業主体：建設省北陸地方建設局千曲川
　　　　　工事事務所

　長野市内で犀川と合流し，やがて新潟県で信濃川と名を変える千曲川は，日本有数の大河。杵淵地区の事例では，河畔林のある中洲を残し，新たな流路を設けた。単調な河川空間をいかに多様な環境に改善したか，その工夫をみるとともに，大河川での多自然型川づくりの難しさを考える。

亀腹水制。カワセミが営巣できるように，川岸に崖を造っている。

千曲川

千曲川75km地点

[河川の概要]

千曲川杵淵地区は，長野市中心部から南へ約7km，犀川合流点より10kmに位置する。この付近は，川中島の古戦場としても有名である。河床勾配は約1/1,000，河床材料は砂で，大きな中洲は発達せず，比較的深い澪筋となっている。

このように，澪筋が一つにまとまる川の性格（河川技術者は川の勾配や河床材料などより決まるこのような川の性格のことを河道特性と呼んでいる）をもっているため，ここではワンドやクリークなどもできにくく，単調な河川空間となっている。これがこの川のもともとの自然環境の特徴といえるものである。

ここで紹介する千曲川杵淵の多自然型川づくりは，端的にいえば，治水安全度の向上のための河床掘削に際し，この単調な環境を多様な環境に改善しようとするものである。

河道掘削の方法に工夫

[改修の内容とポイント]

杵淵地区は，計画高水流量に比し，流下能力が不足しており，その増大が課題となっていた。一方，上越自動車道の建設のため，多量の土砂が必要となっていた。このため，双方の要求を合わせ，河道改修に合わせて土砂掘削を行うことになった。河道掘削の方法について工夫を図った興味深い例である。

この杵淵の土砂掘削量は，約35万m³，面積17万m²，平均掘削深約2m，延長約1kmにわたるぼう大なものである。低水路掘削は，湾曲部内岸側の河岸を島状に残すように行われている。その主な工夫点としては以下のとおりである。

① 掘削時，一律に平らにせず，水深に変化をもたせ，いろいろな魚が棲めるようにした。

② 河岸をそのまま残し，河畔林を保全した。

③ 掘削面の法勾配を3割とし，河岸保護工法として，植生の進入速度が速くなる突杭・並杭等を用いた。

その結果，空間は多様になり，水面約9ha，水辺延長は約3.2km増加した。

多様化した環境とメンテナンスの問題

[整備後の状況とその評価]

現場に行ってみると，規模が大きく一望

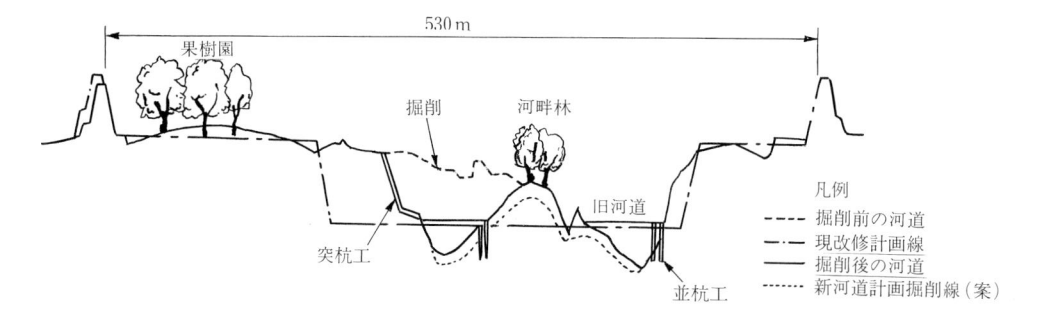

河道掘削箇所の横断図（生態系創出のイメージ）

できない。鳥になりたい気分である。

まず，上流端の分水地点に行ってみる。ここは下流掘削部より幅が狭く，土砂が堆積気味である。中洲上に残した旧河岸上の杭工のある所は，やや洗掘され，杭がかなり頭を出している。白石吉信調査課長（建設省北陸地方建設局千曲川工事事務所）の話では，この流入地点には夏の出水時に土砂が堆積したので，掘削したそうである。突籠などの新たに設置された護岸周辺はすっかり草に覆われている。

さらに下流に歩く。新たに掘削された水面は，流入部よりずいぶん広がり，ゆったりとした表情を見せる。河岸沿いで手網を使ってみると，フナやタナゴ，モツゴ，オイカワなどの稚魚が採取できた。

現在のところ，当初目指した河川の自然環境の多様化という目的は達成しているように思う。しかしながら，川幅を広げているため，流速が落ち，どうしても土砂の堆積は避けられず，それを取り除くメンテナンスが必要となってくるだろう。しかも中央部は，流入口よりもかなり広くなっているので，中小洪水時には，細かい砂や有機物が堆積すると思われる。有機物の堆積が顕著な場合には，有機物が分解し，酸素不足になる心配もある。

杵淵の多自然型川づくりでは，川の自然特性としては本来生じにくい環境を出現させている。多自然型川づくりは，保護・復元・創造的復元の三つの進み方に分けることができるが，この地点は創造的復元に力点が置かれた事業といえる。創造的復元とは，河川および流域を含めた過去の多様な環境を，川の中を多様にすることによって復元しようとするものである。河道掘削を行う場合，ただ単純に台形断面で拡幅するのに比べれば，主流部・河畔林にはほとんど手を加えていないので自然環境へのインパクトははるかに少なく，今後，河道拡幅を考えている現場にとっては参考になろう。しかしながら，もともとの河道特性からは生じにくい環境を創造しようとするのであるから，ある程度のメンテナンスは必要となってくる。

どのような河川の自然環境が望ましいのか？ 例えば，本当に多様にすることがよいのか？ もとの単調な環境のままが本当に望ましいのか？ などについて，現状では十分な議論がしつくされているとは言い難い状態である。

大河川の多自然型川づくりは，河道改修，河道特性と密接な関係があり，それらを十分に読みとりながら進める必要がある。千曲川杵淵の多自然型川づくりも，河道拡幅に合わせ，工夫した事例として，その経緯を見守りたい。

河道掘削前の杵淵地区（提供：千曲川工事事務所）

河道掘削後の杵淵地区（提供：千曲川工事事務所）

多自然型川づくり事例——32

荒川
Ara kawa

所在地：埼玉県北本市川島町
事業主体：建設省関東地方建設局荒川上流
　　　　　工事事務所

その名のごとく"荒ぶる川"だった荒川。かつて治水のために設けられた広大な空間が，時代の要請とともに新たな使命をおびて生まれ変わろうとしている。荒川中流域につくられた「荒川ビオトープ」。それは，関東地方を貫くビオトープ・ネットワークの核となる可能性を秘めているのだ。

日本最大の河川ビオトープ

[河川の概要]

　「荒川ビオトープ」は，埼玉県の北本市と川島町にまたがる荒川河川敷上につくられている，わが国最大の河川ビオトープである。このビオトープは，計画あるいは設計に際して，極めて興味深く，参考になる点がたくさんある。ビオトープとは，Bio（生物）tope（場所）すなわち生物の住みかをさす独語で英語のハビタットと同じ意味である。

　荒川ビオトープの特徴を列挙する。計画に関しては，①非常に規模が大きい（堤防を挟んで隣接する埼玉県立北本自然観察公園を含めると50haを超える），②他

ワンドに連なる旧河道部分（左岸側）。崖面からの湧水により水循環がなされている。旧河道を活用したこの水辺空間には，メダカ，ナマズ，テナガエビをはじめ，様々な野生動植物が生息するようになった

左岸ワンド付近。施工中と施工後5カ月目。小魚の誘致をねらった竹柵工を水際に採用しただけで，ほとんど素掘である。水面上に出ている木杭は，鳥やトンボの止まり木となる
（提供：建設省荒川上流工事事務所）

のビオトープと連携を図っている，③埼玉県全体のビオトープ・ネットワーク構想の中の一計画と位置づけている，④サシバ（タカ科）やキツネなどの肉食の上位捕食者を対象種としている，⑤自然保護に関係する市民団体と連携を保ちながら計画を進めている，などである。

設計・施工に関しては，①模型を工事事務所内で作りながら設計した，②鳥・魚・植物などの専門家の意見を聞いて設計した，③入札時の業者に対する説明にもこの模型を使った，④仕切掘削（後述）を行い，バイクなどがこの区域に入れないようにした，などである。

荒川は，奥秩父を源とし，埼玉県を貫流し，東京都東部を流下する流域面積2,940

km², 全長173kmの一級河川である。流域のほぼ50％が平地で，流域人口904万人，流域内人口密度3,000人/km²と，人口稠密地帯を流下する大河川である。

東京都に流入するまでの間は，非常に広い高水敷と横堤（高水敷上に通常の堤防から直角に突き出す堤防。昭和初期に設置）がある。これらは洪水を貯留し，下流の氾濫を防止する意図でつくられたもので，現在でも流量調節機能を有している。広いところでは堤間距離（川幅）が2kmを超える。

サシバの繁殖地を目指して

[改修の内容とポイント]

荒川ビオトープは，河口より57kmの地点に位置し，広い高水敷と旧河道を巧みに利用してつくられている。左岸側は12ha，右岸側が18haある。

堤防を介して北本自然観察公園と接する左岸は，高水敷上を掘削したワンド，池沼，湿地および比高のやや高い丘，窪地，砂礫地，乾燥草地などよりなる。一方，右岸は大部分が乾燥草地で，そのほか旧河道を利用した独立した池，トンボやカエル用の階段状の池，ワンド，イタチなどのためのU字溝や大きな礫を置いた丘部などよりなる。人間は柵より中には入れないようになっており，途中には，バイクなどが入れないように，空積みの石張り（トカゲや蛇の住みか）をもった仕切掘削と呼ばれる溝（深さ1.5m，幅3m）が掘ってある。

このような様々な工夫は，かつて埼玉平野で繁殖していたサシバが棲めるような環境を整えようとして行われたものである。一つがいのサシバが繁殖するのには50haが必要とされる。そのため，北本自然観察公園と合わせて50ha以上確保できるように計画された。上位捕食者を対象生物にすることによって，かなり広い面積確保が目標とされ，その結果，荒川ビオトープが実現できたわけである。このことは，ビオトープを実現するうえでの実践的な手法として興味深い。

これまで紹介してきた多自然型川づくり

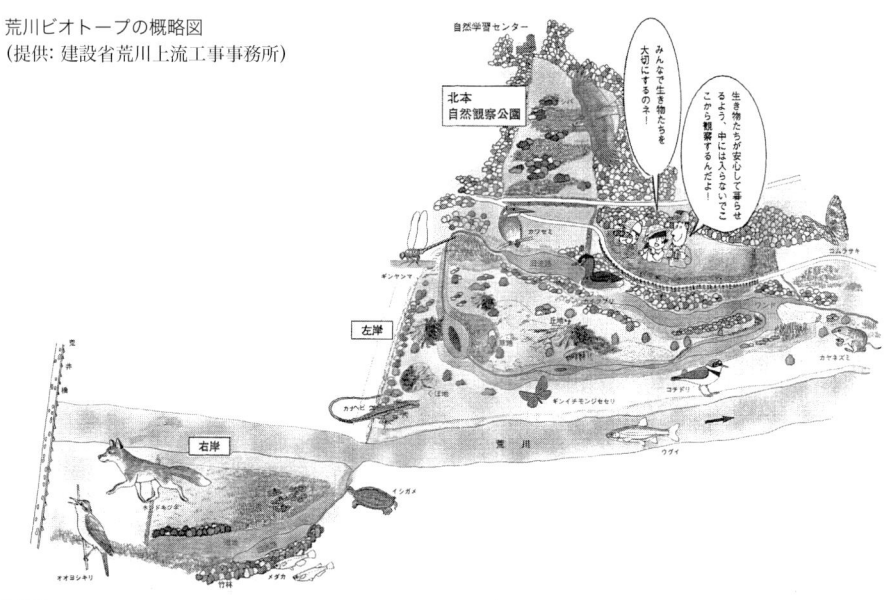

荒川ビオトープの概略図
(提供：建設省荒川上流工事事務所)

は，ほとんどが狭い土地の中でどのように工夫するかという点が課題であったが，ここでは広いということが計画立案時の難しさであった。担当の建設省関東地方建設局荒川上流工事事務所の宮本真帆技官や大嶋光男工務課長がその時の苦労を語ってくれた。

これはちょっとしたカルチャーショックである。用地があれば何とかなるというのがこれまでの私の思いであったが，広ければ広いで，また苦労がある。あまり広くて三次元的な計画をどう立ててよいのか，どう表現してよいのか困っていた。リバーフロント整備センターの勧めで模型を作ることになった。製作期間は約1週間，わずか5万円で出来た。模型は，事務所内の検討会や生物の専門家との打合せ，業者への発注時の説明などに大活躍したそうである。

関東地方のエコロジカル・ネットワークの背骨

[整備後の状況とその評価]

隣接する北本自然観察公園は，荒川の小さな支川がつくった谷地につくられたもので，湿地を中心としたビオトープである。立派な自然観察館もあり，この辺の自然を理解するにはなかなかよい施設である。

そこから堤防を隔てて荒川である。荒川とこの公園は堤防の樋管（堤防を横切る水路や小さな河川に，洪水時に本川の水が逆流しないように設ける小さな水門）と小さな河川でつながっている。堤防には，桜が見事である。

最初は左岸側に行く。駐車場で胴長に着替えていたら，大嶋課長が「いいものをお持ちですね」と，しきりにうらやましそうに言う。後でこの言葉の意味がよくわかる。

まず，旧河道の水源を見に行く。旧河道は，今は下流の一部が本川とつながっているだけで，上流はつながっていない。ワンドというと，どのようにして水循環が図られているかを確認しないと落ち着かない。水源を確認すると，崖面からの湧水である。関東ローム層からなる台地から湧く水が水源だったのだ。

そこからぐっと回り込んで丘部に出る。2，3年前の春に麦畑を占用解除して草地にしたばかりであるが，一面草原になっている。比高によって植物の種類は違う。さらに進むと大きな窪地がある。平成8(1996)年に掘ったばかりの池である。かなり急勾配の斜面である。崩れそうになっているところもある。大嶋課長は「崩れてきてもそのままにしておいていいんです」と，ビオトープの基本的な考えを教えてくれる。"最初につくった形は自然の力で変化してもよい"という姿勢である。

さらに進むと，平成7(1995)年に施工したところに出る。ヤナギや，水際部には湿性植物も生えてきており，ずいぶん落ち着いてきている。池では手網を使う。モツゴやタイリクバラタナゴ，ウグイの稚魚などをひとしきり捕まえて，右岸へ移動する。

荒井橋の下に車を止めて，池沼を目指して乾燥草地の中を歩く。今春，畑から転換したとは思えない草地である。その中を，かき分けかき分け進む。胴長が草地の中でこんなに有効とは思わなかった。行けども行けども草地である。日本にもこんなに大きなビオトープがあるのかと，その広さにただ驚くばかり。細かい工夫もいろいろしてあるが，この広さの中では細かいことに興味がいかなくなる。ちなみに，50haといえば，流域の平均的な人口密度で換算すると，1,500人が住める面積である。

多自然型川づくり事例——33

KANAGAWA

引地川
Hikichi gawa

所在地：神奈川県大和市
事業主体：大和市

都心から40kmの首都圏に位置する大和市。この街を流れる引地川では、ハビタット（生物の住みか）の保全にとどまらず、水と緑の連続性を保つことによって、豊かな生態系が育まれている。都市部における自然環境保全の在り方を示した事例。

都市の自然空間保全
[河川の概要]

神奈川県大和市の引地川公園は、多自然型の河川整備をはじめ、生態系を乱さない工夫が有機的につながった、都市内エコロジカル・ネットワークの手本というべき公園である。

大和市は東京都に接する人口20万の中核都市で、都心に近いこともあって人口の増加が続き、市域の自然的空間は減少してきている。このような状況のなか、市では、緑と街並みが調和したまちづくり、大和市らしいまちづくりを標榜し、その一環として平成元（1989）年に引地川公園計画を策定した。この計画はグリーン＆コミュニティーと名づけられ、自然の保全と活用を目指したものである。

緑の回廊を流れる川
[改修の内容とポイント]

引地川公園は総面積約90haで、四つの地区からなっている。

「泉の森」（42ha）と呼ばれる一番北部の地区は、貴重な自然を楽しみながら学ぶ地区と位置づけられ、国道246号バイパスによって二つのエリアに分かれている。

上流側が、大和水源地を中心とした自然

改修直後の状況(提供:大和市公園緑地課)

東ヶ里ふれあい橋上流付近

の核となるエリアである。大和水源地は平成5(1993)年まで200世帯の水道水源として利用されていた。周辺は柵で囲ってあり、人が入れなくなっている。ここは、生物の供給源として大きな役割を果たしている。このような場所のことをヨーロッパのエコロジカル・ネットワークの保全の取り組みの中では、コアエリアと呼んでいる。水源地以外は林になっていて人が利用できる。施設としては、野鳥観察施設、散策路、ベンチなどである。

国道バイパスより下流側も、自然の核と位置づけられている。上流に比べると、人間の利用をより中心に据えたエリアである。面積は25ha、そのうち3.1haが上草柳多目的利用調整池で、湧水を利用したホタルの小川、遊びの小川、散策路、湿性植物園、売店などもある。ホタルの小川は湧水を水源としており、ホタルは自生を始めているが、まだ十分ではなく公園内の管理事務所でホタルの幼虫を育てて放流している。調節池は冠水頻度により三つの高さに分かれている。低段部は常時水が溜まっており、ヨシやガマをそのまま残してある。中段部は湿性の植物園やタコノアシなどの移植地としている。上段部は陸として利用している。

泉の森で注目すべきは、上流と下流のエリアが国道バイパスの高架化によって分断が回避されたことである。ちょうど谷地形になっており、高架の下は公園が続いている。これによって二つのエリアの連続性は保たれ、高架下の空間は生物が移動するコリドー(回廊)としての役割を果たしている。

泉の森の南側が「ふれあいの森」である。面積21.9ha。引地川を中心に、花と緑の見

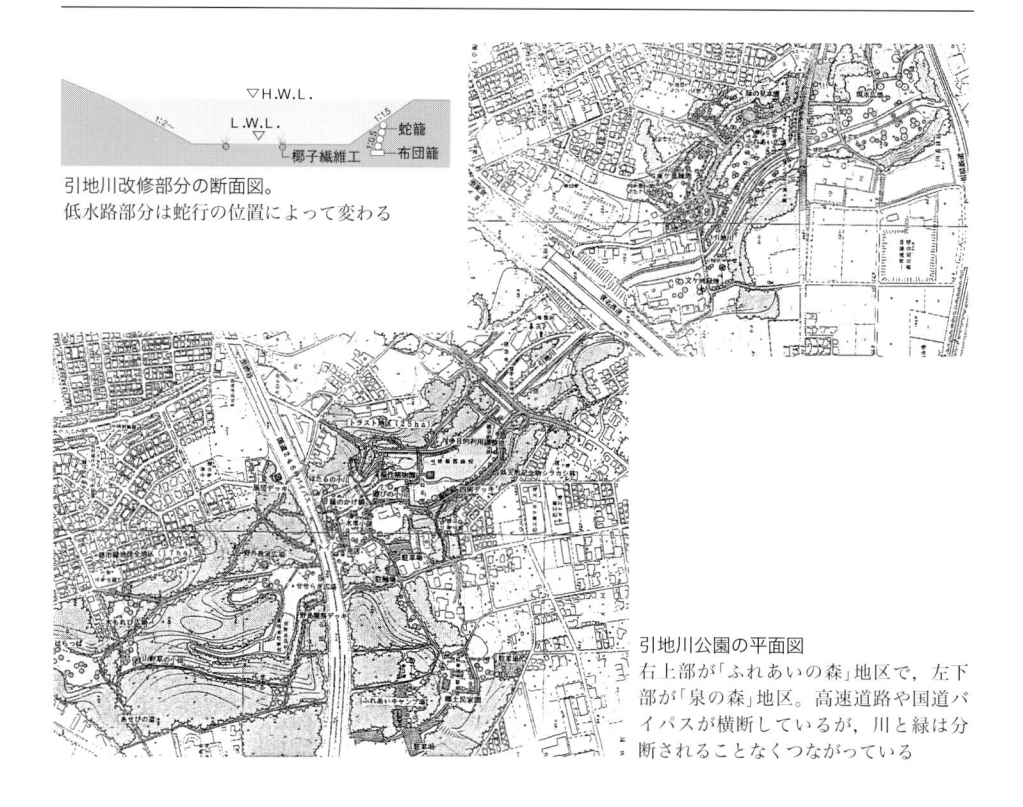

引地川改修部分の断面図。
低水路部分は蛇行の位置によって変わる

引地川公園の平面図
右上部が「ふれあいの森」地区で、左下部が「泉の森」地区。高速道路や国道バイパスが横断しているが、川と緑は分断されることなくつながっている

本園、ふれあい広場など、コミュニティーの核となる地区と位置づけられている。

引地川の改修の基本的な考え方は、①周辺の斜面緑地などの自然景観との調和、②生き物と人間の共存（草や木が茂った護岸、瀬・淵などの多様な空間）、昔のイメージに近づける（きれいな水、生き物とのふれあい）の三点である。

例えば、瀬をつくるために玉石を幅5mにわたって、ただ置いた工法が用いられている。この瀬は変化を許容するために、杭などで固定されていない。護岸は基本的に緑化されている。右岸部は斜面林との連続性を考え、護岸中段に柳の植樹が、上部はヨモギの植栽がなされている。下部は布団籠と蛇籠で補強されている。柳は大和市に自生するイヌコリヤナギ、カワヤナギ、ネコヤナギを、植物繊維のネット上から挿し、覆土したものである。また、拡幅により浅くならないように、低水路が設けられ蛇行させてある。水衝部は植生ロールで補強してある。蛇行させる際に現況の地形から昔の線形を推定して決めた点が注目される。

残りの地区は「遊びの森」と「ゆとりの森」である。ここは川からも離れており、今回は行かなかった。

結果的に生まれたビオトープネットワーク

[整備後の状況とその評価]

さて、川を下流のふれあいの森からさかのぼっていく。FRONT編集部の山畑さん

も一緒である。河岸は，柳が繁茂し，その緑が美しい。とても数年前まで，ブロックの直線の川だったとは思えない。公園の中を緩やかに蛇行している。

ちょっと深くなっているところで投網を打ってみる。1回で50尾程度の魚が捕れる。タモロコ，モツゴ，フナ，コイ，メダカ，オイカワなどである。けっこう大きいフナやモツゴもいる。モツゴは抱卵しており，大きなおなかをしている。二度投網を打つ気はしないぐらい捕れてしまった。案内してくれた大和市公園緑地課の岩田さんもびっくりしている。水質はそれほどよくなく，淀みになっているところは川底が黒く硫化水素のにおいがする。メダカがいたのには驚いた。

岩田さんの話によると，この辺ではカワセミやタヌキもよく見られるようになったそうである。泉の森にいるカワセミやタヌキが移動してきている。連続性が保たれている証拠である。

河岸の勾配は1割以下のところもあり，けっこう急である。蛇籠を横にして積んで，覆土してあるようだ，あまり高くないので，こんな法(のり)勾配でももつのだろう。河床勾配は1/400程度とかなり急である。

数回の増水にあっても治水上支障があるような破壊は起きていないが，低水路内の微地形はかなり変化したそうである。低水路河岸に置いてある植生ロールの裏側は洗掘され，水が流れている。植生ロールからはセキショウが生えている。石を置いただけの瀬も多少動いたようであるが，瀬として機能している。川の変動を許すというコンセプトで始まったものであるから，この程度の変動は折り込み済みということであろう。

ここの魚類の回復が早いのは，上流と下流との連続性が保たれていること，近くに釣り堀がありそこが魚の供給源になっていることが考えられる。環境を少し整えるだけで，魚が棲む，そういう条件に恵まれたところといえる。

川の中をみんなで手網を持ってガサゴソと魚を捕りながら進む。山畑さんは苦労の末，ついにメダカを捕まえた。とても嬉しそうである。川に入って生き物と触れ合うというのは，大人になっても楽しい。

高速道路との境に来た。高速道路より上流が泉の森である。この辺から，旧来の河道である。3面張りの連接ブロック護岸で直線河道である。水深が一様に浅く手網を使うが魚は捕れない。高速道路の下はボックスカルバートになっており，非常に浅い流れではあるが，何とか連続性は保たれている。この上は道になっており，普通，人はそちらを歩くのである。私たちはボックスカルバートの中を歩く。あまり気持ちのいい空間ではない。タヌキはどっちを移動してくるのだろう。

上草柳調整池は広い水面を湛えている。調整池は一部ヨシが生えているが，それほど自然的な感じはしない。護岸や橋などの人工物が目につくせいだろう。タコノアシの保全には気を使っているそうである。

以上のように引地川は，上流から下流まで結果的に分断化が回避され，上流端の生物供給源である浄水池からタヌキが下流までやってくる興味深い事例である。ビオトープネットワークを整備するということは，個々の事業において「分断を回避し」「分断している所はつなぐ」という地道な作業の積み重ねによって結果的にネットワークが図られるということを，この事業は教えてくれる。

多自然型川づくり事例——34

太田川
Ohta gawa

所在地:広島県山県郡加計町・吉和村ほか
事業主体:建設省中国地方建設局太田川
　　　　　工事事務所,広島県河川課ほか

水都・広島を育んできた太田川は,魚にとっても母なる大河。平成4(1992)年に始まった「魚が上りやすい川づくり」のモデル河川となった太田川では,川の中を移動するすべての魚種を対象に,魚の上下流方向の移動を助けるための魚道整備が行われている。

上流域の吉和村にある半坂堰のアイスハーバー型魚道

加計町にある木坂頭首工のアイスハーバー型魚道

魚の遡上・生息状況をみる
[河川の概要]

　太田川は源を中国山地の冠山(海抜1,339m)に発し,広島市内を貫流し瀬戸内海に注ぐ流域面積1,700km²,幹川流路延長103kmの中国地方有数の大河川である。平成4(1992)年に「魚が上りやすい川づくりモデル河川」に指定されている。太田川には24の堰などの横断工作物がある。しかし,そのうち18の横断工作物に魚道がないか,もしくは十分に機能していない。それらを

順次整備し、生態系の保全を図っていくのがこの事業の目的である。

太田川を魚の遡上あるいは生息という観点から、下流よりいくつかの区域に分けてみる。

① デルタ域(河口〜太田川放水路分派6km地点)：この区域は太田川の下流デルタにあたり何本もの派川に分かれ、生息魚種は汽水性のものが中心の区間である。この区間の上流端は太田川放水路の分派地点で、そこには大芝水門と祇園水門がある。大芝水門は、平常時は開放され魚の移動の障害になってはいないが、祇園水門は常時10cmしか開放されていない。

② 下流域(分派地点〜高瀬堰13.6km地点)：この区域には瀬が見られ、太田川のアユの代表的産卵場となっている。高瀬堰は建設省が管理する多目的堰で、両岸に起伏式の魚道があり、魚の遡上が確認されている。

③ 中流・堰無し区域(13.6〜46.7km)：しばらくは横断工作物がなく、46.7km地点に中国電力が管理する津伏取水堰がある。この区域の河道は大きく蛇行し、淵や瀬が連続していて、魚の生息には比較的良好な区間である。ほとんどのサツキマスが津伏堰を遡上できず、堰の直下流にたまっていた区間である。

④ 中流・堰多数区域(46.7〜76km)：津伏取水堰から鱒溜ダムまでの区間。瀬と淵が連続しているが、15堰のうち13は魚道がないか、あっても魚の移動が困難であった。現在、サツキマスがなんとか遡上できるのは63.8kmの高下頭首工までで、建設省の直轄区間は71km地点まで。この区域がモデル事業の中心区域である。

⑤ 上流域(76〜100km)：二つのダムで、魚類の遡上が困難な区域。河道形態は渓流部、中流的な瀬と淵が連続する区域、ダムの湛水域など多様である。主としてアマゴを対象に魚道を整備する区域である。

魚道の改良を行う

[改修の内容とポイント]

このように非常に長い距離を対象にしているため、「魚が上りやすい川づくり実施計画書」では次の6グループを代表種として設定している。

① ウナギ：遡上能力の強い回遊性魚類。

太田川 —— 179

全区間対象。

② アユ：太田川を代表する回遊性魚類。遡上力の観点からオイカワ，ウグイもこのグループに入る。

③ サツキマス：アマゴの降海型回遊魚。遡上力は強い。太田川では戦前（昭和8年）には17.6tもの漁獲高があり，増加が期待されている。下流・中流部対象。

④ アマゴ：遡上力が強い。上流部対象。

⑤ シロウオ：下流域対象。

⑥ 遡上力の弱い魚種：回遊魚以外でも，産卵時に移動したり出水で流されたり，上流にさかのぼったりと，盛んに移動するため，どの魚種も移動できることが重要である。

さて，魚道の設計にとって，魚道の形式（魚道内の水理的な状況），魚道の入り口の位置や形状，その川の流量およびその変動，などが重要となる。太田川の魚道の改良は，特に魚道の入り口の改良，および魚道形式の変更である。改良や新設された魚道の形式をみてみると，津伏取水堰（中央）・頓原（とんばら）堰が標準デニール，津伏取水堰（左岸部）が船通し型デニール，土居（どい）堰がバーチカルスロット，その他の堰はアイスハーバー型魚道となっている。

継続的な事後調査でよりよい川に
［整備後の状況とその評価］

津伏堰は落差2.8mの取水堰である。魚道は，大型魚用と，その両脇の小型魚用の三つの魚道からなっている。大型魚用の魚道が設計平均流速2.2m/secで，小型魚用は1.57m/secである。左岸側には平成8（1996）年に設置された船通し型デニール式魚道がある。船通し魚道は勾配が1/8，魚道幅1.5mで，途中に2カ所休息場がある。代表流速は1.4m/secである。堰の直下流や

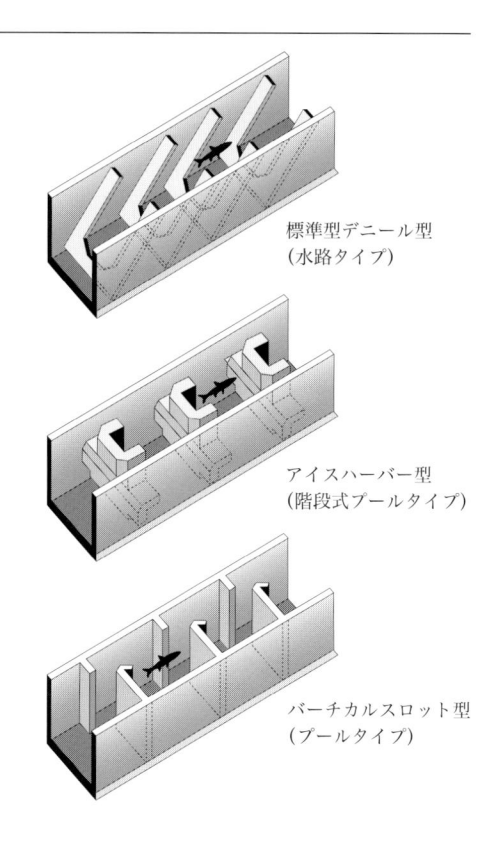

標準型デニール型
（水路タイプ）

アイスハーバー型
（階段式プールタイプ）

バーチカルスロット型
（プールタイプ）

様々な魚道の形式。デニール式は魚道内に阻流板を設け，流速低減を図る。アイスハーバー型は階段式魚道の一種で，階段の一部に直壁が立ち，その後ろは流速が遅くなるので魚が休める。バーチカルスロット式は，プール間の垂直のスリットを魚が行き来できるようにしたもの

堰上流で投網を打つと，アユ，カマツカ，ウグイ，カワムツ，オイカワ，モロコ，ズナガニゴイ，ムギツク，ヨシノボリなどがたくさん捕れた。魚影は濃い。

さらに上流に行き，落差1.2mの木坂頭（きさか）首工を見る。アイスハーバー型の魚道で，真ん中に柱があり，両脇に大型魚用の切り欠きと小型魚用の切り欠きがある。勾配1/7，設計代表流速と越流水深は小型魚用で1.0m/sec，15cm，大型魚用で1.4m/sec，30cmである。柱の下流側には流れの穏や

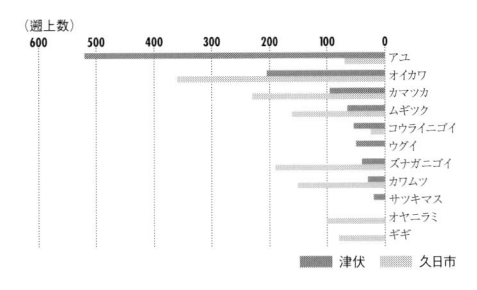

図1 魚類の遡上数(捕獲個体数)の比較(1995年と1996年のデータの合計から,数の多い魚種をピックアップしたもの)

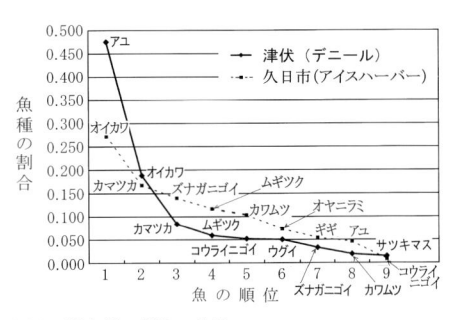

図2 遡上数の割合の比較

かなところができていた。

建設省太田川工事事務所では,平成5(1993)年から魚道の上流端に仕掛け網(2.5cm網目)を使った遡上調査を行っている。平成7(1995)年と平成8(1996)年の調査から,サツキマスについての効果をみてみる。

1995年は,下流域の高瀬堰で7日間,その他の堰では10～12日間の24時間調査が行われた。この年はサツキマスの遡上が少なく,高瀬堰を通過したサツキマスは計15尾,それより上流では津伏取水堰を越えたものは12日間で計11尾確認されたが,それより上流の堰では遡上は確認されなかった。

一方,翌年は遡上が多く,高瀬堰を越えたサツキマスは5日間の調査で計78尾,1日平均17尾という結果で,それより上流では10日間の調査で津伏取水堰5尾,久日市堰堤3尾,木坂頭首工1尾,西調子(にしちょうし)頭首工10尾,堀下頭首工1尾と,すべての魚道で遡上が確認された。高瀬堰を上った数と比較すると,上流では量的に少ないが,高瀬堰～津伏取水堰間は距離があることや,今まで遡上していなかったことを考慮すると,一応の成果がでていると考えられる。

図1は,近接する津伏取水堰(標準デニール)と久日市堰堤(アイスハーバー,落差1.5m)を魚道形式という観点から比較したものである。捕れた個体数(遡上数)の順位をみてみると,デニールの津伏取水堰は,アユ,オイカワ,カマツカの順,アイスハーバーの久日市堰堤はオイカワ,カマツカ,ズナガニゴイ,ムギツク,カワムツ,オヤニラミ,ギギの順である。

その魚種別の割合を示したのが図2である。津伏取水堰の曲線は急激に低減し,久日市堰堤は緩やかに低減する。すなわち,津伏取水堰はアユやオイカワなど遊泳力の強い特定の魚種が上りやすく,久日市堰堤は多様な魚種が上る魚道となっている。

多様な魚種の保全という観点からすればアイスハーバーがよりすぐれている。デニール式魚道は,サケやマスの遡上のために開発された魚道であり,小魚や底生魚の遡上には適さない。簡易式の一時的な魚道に限定すべきである。

太田川ではこのように継続的な事後調査を行いながら,魚が上りやすい川づくりを進めている。データを蓄積することによって,魚道の具体的な効果が徐々にわかってきている。太田川は,いずれ多くのサツキマスが遡上する,魚が生息しやすい川へと変わっていくことだろう。

多自然型川づくり事例——35

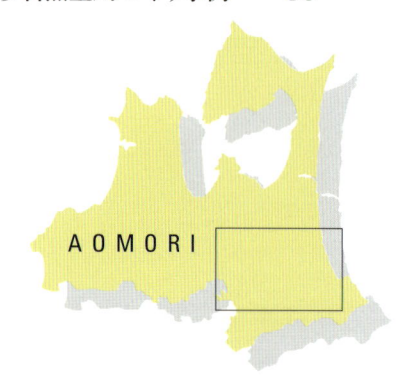

奥入瀬川
Oirase gawa

所在地：青森県上北郡十和田湖町
事業主体：青森県土木部ほか

　春，残雪の中に芽吹くブナの新芽，真夏の緑のトンネル，そして，秋の紅葉……。四季折々の河畔の表情を映して流れる奥入瀬渓流は，東北地方の代表的な景勝地として多くの人に愛されてきた。しかし，この渓流美を保つために60年も前から水量・水質のコントロールがなされていることは，あまり知られていない。

　これまでに紹介してきた多自然型川づくりの取り組みのほとんどのものは，物理的空間を対象としたものである。しかし，多自然型川づくりの通達にもみられるように，水質や水量も多自然型川づくりの対象としては重要である。最後に，奥入瀬渓流を例に，川の自然環境と水量・水質の保全について考えてみたい。

紅葉の奥入瀬渓谷

1930年代から取り組まれてきた渓流の環境保全

[河川の概要と管理のポイント]
　奥入瀬渓流は十和田湖（流域面積127km²，湖水面積60km²のカルデラ湖）を水源とし，

秋田県鹿角市の甲岳台展望台より望む十和田湖

初夏の奥入瀬渓流は，新緑とヤシオツツジが迎えてくれる。苔むした岩が落ち着いた景観を演出する

子ノ口の下流1.4kmにある奥入瀬渓流最大の滝，銚子大滝。流量が約5m³/sec以下になると水流が二つに分かれ，滝の形状が変わるという検討結果が出ている

子ノ口水制門。渓流美を保つため，ここで水量がコントロールされている。なお，子ノ口とは，十和田湖の「子」(北)の方向にある水の出口であることから付いた地名だという

　十和田八幡平国立公園の一部をなす，日本を代表する美しい渓流である。奥入瀬渓流の森厳たる美しさは，その流量管理と水質の管理によって維持されている。

　湖を水源にもった川は，一般に年間を通じた流量変化が小さい。その流量変動が小さいことによって，水際のすぐそばまで樹

奥入瀬川

林が生育したり，岩が苔むすことを可能にし，独特の落ち着いた風景を形づくる。この安定した流量は，湖の貯留能力がもたらしているのである。

奥入瀬渓流の流量管理は，昭和12(1937)年に制定された「奥入瀬川河水統制計画」に基づいている。安田正鷹著『河水統制事業』(常磐書房，1938年) の中では，これについて次のように述べている。「この渓流の特質は十和田湖という大きい貯水池によって，水量が十分調節されるために，水位の変化が少ないことから，樹木が流れの際まで茂っている。岩石は洪水に荒らされるようなことがないから，庭園におけるがごとく寂ている。こういうところが推奨されるものと思う」。

河水統制事業とは，戦前において河水の利用計画と治水計画などを併せて行った河川の総合計画であり，奥入瀬川の場合は風致保護，灌漑，発電を調整したものである。

十和田湖は，昭和9(1934)年の第一次および第二次国立公園指定から洩れたのであるが，それは三本木原開墾事業に伴う十和田湖の水利用推進派と自然保護派とが激しく対立し，合意を図ることができなかったためである。昭和11(1936)年に国立公園指定を受け，翌年には河水統制計画が作られ合意が図られていく。

河水統制計画では，十和田湖の水は子ノ口(奥入瀬川の上流端)，青ぶな取水口(発電あるいは灌漑用の取水口)の二つの取水口より下流に導かれる。奥入瀬川への放流量は，年間を通して景観の視点から決められた。昼間は，4月21日〜5月10日および11月16日〜30日は50立方尺/sec (1.39m³/sec)，5月11日〜11月15日は200立方尺/sec (5.56m³/sec)，夜間およびその他の時期は10立方尺/sec (0.28m³/sec) である。

その根拠はよくわからないが，夏季の日中のみ流量が多いのは観光のためで，0.28m³/secは自然環境の維持のために必要な流量と考えられたのであろう。なお，

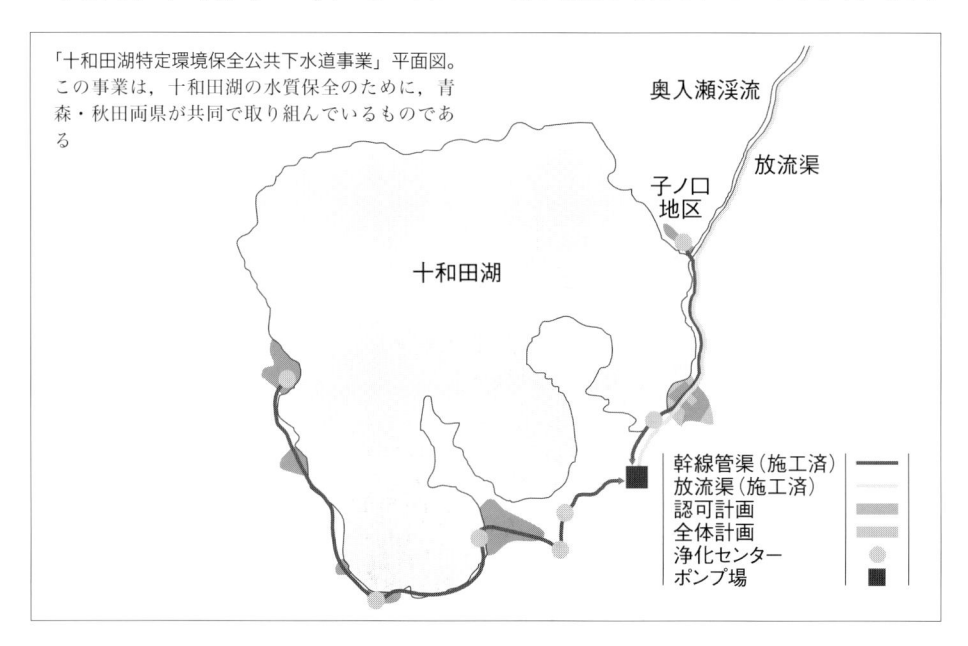

「十和田湖特定環境保全公共下水道事業」平面図。この事業は，十和田湖の水質保全のために，青森・秋田両県が共同で取り組んでいるものである

ただし書きでは風致に支障がないときには相当減ずるものとするとある。その後何回かの改訂を経て現在に至っているが、夏季の流量は河水統制計画と変わっておらず、冬季は放流されていない。なお、奥入瀬渓流の景勝地銚子大滝の落水形状は約5m³/sec以下になると水流が二つに分かれ、滝の形状が変わるという検討結果もあり、興味深い。

また、十和田湖に大雨が降っても、奥入瀬川への放流量は380立方尺/sec（8.64m³/sec）を超えない計画となっている。これは1934年の出水によって奥入瀬渓流の河岸が崩壊し、樹木が流失するなど景観に大きな影響を与えたため、これ以上の流量では渓流部の河道が荒らされると判断、風致保全の観点から決められたものである。奥入瀬川の流量管理は、なるべく流量を安定させようという計画である。

近年、十和田湖畔を訪れる観光客は年間約300万人に達し、生活雑排水とともに湖の水質を悪化させてきた。1939年に20mを超えていた透明度は、現在では10mにまで低下してきている。

そこで青森・秋田両県は、昭和55(1980)年度から「十和田湖特定環境保全公共下水道事業」を実施し、共同で湖畔の集落および観光施設から排出される汚水の処理に取り組んでいる。この事業の興味深い点は、①二つの県が一緒になって排水を集水し、1カ所で処理している点、②処理水を延長19.1kmの放流暗渠で奥入瀬渓流をすぎた下流部に放水している点である。特に後者は奥入瀬渓流には汚水を入れないという考え方のもとに行われているものであり、自然環境と水質について考える際、極めて興味深い。

次世代に引き継がれる美しい景観
[現在の状況とその評価]

下水の放流口を見に行く。確かに、奥入瀬川が渓流となるところより少し下流に注ぎ出している。放流口から流下する水質は良好で流量も少ない。

上流の渓流に進む。水際ぎりぎりまでヤナギ、ケヤマハンノキ、カエデなどが繁茂している。それらは両岸から水面を覆い渓谷に陰影を与え、実にしっとりとしている。まことに水辺林が見事である。岩は苔むし、水はとうとうと流れており、その美しさにしばし感嘆する。流量が安定しており水位が一定のため、水際ぎりぎりまで植物は生えることができる。岩が苔むしているのは、岩が転がらないことと、河畔林により日射が遮られ湿度が適度に保たれていることによるのだろう。

さらに上流に行き、銚子大滝の所まで来る。すごい流量感である。5.5m³/secというのは、この川幅にしては迫力がある。観光的視点からすると、申し分のない流量である。

このように奥入瀬渓流の自然環境の保全のためには、実に興味深い水質と水量の管理が行われている。水量については戦前立てられた計画であり、景観重視に偏っているが、水源を湖にもつ川の自然特性をよく踏まえた計画になっている。1995(平成7)年には流域市町村で「奥入瀬川の清流を守る条例」も制定され、地域を挙げて環境の保全に取り組んでいる。青森県は夜間の放流量や冬季の放流についても検討中と聞いている。自然環境のための流量確保が今後の課題であるが、流量・水質管理の重要性を教えてくれる事例である。

対談 川のことは川に習え

Yukihiro Shimatani

1955年山口県生まれ。工学博士。建設省入省後、土木研究所にて河川の研究に携わる。現在、同研究所環境部河川環境研究室長。1995年4月より1997年3月まで雑誌『FRONT』に「多自然型川づくり」を連載。岐阜県木曽川に、自然共生実験のための大規模実験河川の建設などを手がける。

Yoshio Nakamura

1938年東京都生まれ。工学博士。日本道路公団技師、東京大学教授、東京工業大学教授を経て、現在、京都大学工学部教授。専攻は景観工学、地域計画学。道路、河川をはじめとする都市景観に造詣が深く、風景学を提唱。広島市の太田川基町護岸など、多くの景観デザインを手がけている。

（坂本政十賜 撮影）

川に個性を発現させるデザイン

【編集部】　島谷さんのお話では，20世紀は，人間の知のレベルを最高に発揮しようとした時代。そして21世紀は，ちょっと人間の知のレベルというものを脇に置いて，自然につくらせるデザイン，そういうものが求められているという話ですが，私は非常に面白いと思いました。

【中村】　人間の知性による環境設計というのは，少なくとも建前として，人間が完全に環境の状態を認識し得て，かつ，それをコントロールできるということが前提になっていた。島谷さんたちが始めた「多自然型の川」のつくり方というのは，言ってみれば，川が自ら自分の流れの論理でその形をつくっていくという考え方で，つまり人間は事態を完全にコントロールできないかもしれない，ということが前提になっているわけですね。

　そのような考え方が出てきたのはとても面白いと思います。われわれの設計の思想が変わってしまったということですが，その一つの原因は「生命」なんでしょうね。「生命原理」というものを取り入れたために，完全にコントロールできないという，そのようなデザインが現れた。これは水だけではなくて，ほかにもいろいろと思想的なのではないかと思います。

【編集部】　昔，安藝皎一先生の『河相論』という名著がありましたが，「多自然型川づくり」の考え方には，河相論的な視点があるのでしょうか。

【島谷】「多自然型川づくり」でも，日本の中にいろいろなタイプの川があって，その川らしい川を保全することによって，全国として多様性を保とうという考え方があります。それが河相論というものと非常に近いと思います。河相論というのは，川には川の相があって，人相があるがごとく川には河相があるという考え方です。その流域の地質だとか，地形だとか，土地利用だとか，そういうものによってそれぞれ川には相があります。ただ，生き物に関してはまだまだわからないことがいっぱいありますから，設計の目標としては，多自然の「多」というのは，多様性の「多」であろうことは間違いないけれども，それは一つの川にいくつもの川の自然を持ち込むというような「多」ではなくて，河相に従ったような川というのかな，その川の個性を見極めて，川自身がその中でその川らしさを発現できるようにつくるような形での川の個性を発露させる。そういうものが全国的に集まって見たときに多様になっているという「多」なのではないかと思っています。

【中村】　河相という考えは，河川工学の本流ではどのように受け止められていたんですか。

【島谷】　どうなんでしょう。ただ，河川技術者の心にはそういうものがあると思いますね。要するに，一つとして同じ川がないということはみんな知っている。水理学をはじめいろんな技術がどんどん進歩しても，やはり新潟に行くと新潟流があり，山梨に行くと山梨流がある。山梨では急流河川の処理が体にしみついていて，堤防全体を石で覆うことが戦国・江戸時代から行われていて，依然として続いている。これは理屈で100％説明できない世界ですが，暗黙のうちにそういう河相を肌で感じているということがあるんじゃないですかね。

【中村】　河川技術者としては，そのような考え方に共感を覚えるわけ？

【島谷】　共感を覚えますね。

【中村】　河相論というのは，僕も実は景観

論の立場から関心を持って眺めた一人なんです。例えば「地相」という言葉があるでしょう。風水も地相論の一つですが，ほかにもいろんなタイプの地相論があって，地形というものを形のパターンで見ていく。共通しているのは，形に対する敏感さだと思います。工学はだんだん進歩するにつれて，どちらかというと，あまり形というものに関心を示さなくなってきている。それが一種の機能主義ということだと思いますが，機能的な面に関心を示すようになればなるほど，形に対する意識が薄れてくる。そのような意味では，河川技術の中に形に対する敏感さがあったのは非常に面白いことで，島谷さんの考え方はこの形態合理主義の伝統につながっていると思います。

さて，形態論や認知論の立場と生き物のすみ家との関係はどうなっているんだろうね。

【島谷】 一つの空間的まとまりをもった生物生息空間のことをハビタットと呼んでいます。戦前，可児藤吉という生態学者は，川のハビタットの基本的な単位として瀬と淵を区分しました。彼は景観の観点から分類したと言っています。この景観的に区分された瀬と淵は，生態学的にも意味のある区分であることを可児藤吉は証明しています。この例は景観的な環境区分と生物のすみ家とがある意味でリンクしていることを示しています。私たちが川に魚を採りに行ったときに魚がいそうな所が直観でわかります。これは人がハビタットをある程度見分けることができることを示しています。人がハビタットを一つのまとまりとして見分けることができるというのは，生活上の必要性からきているのだと思います。人間が一つの生物だと考えると，魚などの生物のハビタットと関連づけて環境を認知するということは，狩猟や身を守るためなど，

生存していくうえで不可欠であったと考えることができます。おそらくこういうことで，認知的なまとまりとハビタットは強く結びついているのではないでしょうか。そういった意味で形態認知論は，生き物のすみ家の保全にとっても一つの有力な手がかりになると思っています。

形の生成システムを視座に入れたデザイン

【中村】 河川技術者というのは面白いですね。僕はどちらかと言えば道路・都市畑を歩いてきましたが，かつて土木技術の中心は河川だったでしょう。一時期，道路・都市に移ったけれども，やはり河川の技術者が持っていたものの考え方，反機械論的遺伝子というかな，土木技術においてはすこぶる重要な意義を持っていた。そういう河川の歴史的役割というか，それがもう一回芽を吹いてきたという感じを受けます。ああいう遺伝子が仮に土木の中になかったら，土木は暴走してしまうのかもしれない。思想的転換という点で，河川技術者は今非常に苦しんでいるんでしょうね。

【島谷】 ええ。自然環境を顧みるという観点から川を見ると，洪水というのがありますね。森林などの分野では，いわゆる「遷移」の概念があって，植生がだんだん草本から遷移し，森林に育っていくということが概念になっています。川の場合は，またどこかで洪水が発生してご破算になるという世界があります。そういう植生の極相にいかないところのレベルでみんな生き物が生きていて，それにいろんな生き物が特化して，進化して生きている。そういう撹乱というものの中で，生き物が生きているというところに，面白さと難しさがありますね。

【中村】 そうですね。上高地のケショウヤ

ナギの話をあなたから聞いたとき，なるほどと思いましたが，つまり安定ではない。不安定で，しかし長く見ているとやはりそれによって安定しているという不思議な安定。極相的な安定じゃないんですね。

【島谷】 外国の論文を読むと，「動的平衡」という言葉を使っていますね。

【中村】 生態学にはそのような概念があるんですか。

【島谷】 最近，生物の保全にとって「攪乱」が重要であることが注目されています。例えば二次林の雑木林の保全というのは，人間が人為的に「攪乱」を与えて，そのために多様性を増しているというものですね。それは川では洪水でいつも攪乱されてご破算というのと一緒で，そのようなところにしか先駆的に入っていけない生き物は生きていけない。雑木林の中でしか生きていけない植物がたくさんあるという世界と非常に似ていますね。

【中村】 それは哲学的に重い問題提起だと思います。生態学の理論には「価値」概念は入ってないと思いますが，その生態学の理論を人間がいわば「価値」的に見たときにどうなるか。例えば，極相状態が一番価値があるという考えはかなり人間の恣意かもしれませんね。

【島谷】 そうですね。

【中村】 極相から離れるに従って自然度は減少していく。自然度が高ければ高いほど尊いのなら，極相が一番価値があって，われわれはそこから離れた，価値が低いところに住んでいることになる。すると，里山や田んぼに囲まれた農村の自然は三流の自然なのだろうか。純粋の自然ではなく，人間と自然との動的共存形式の多様性が尊いという考え方もあるのではないか。動的平衡論だと，攪乱されていくことによって価値が逆に発生してくるようなところもあるでしょう。それは極相理論と非常に違う。だから哲学的にも面白いと僕は思いましたね。

【島谷】 「攪乱」が明瞭に現れる場が河川です。その意味で，河川が一番先進的で，一番困っているところでもあると思います。

河川工学は今まで何をしてきたかというと，基本的には川を安定化させるために，まあ土木工学全体がそうなんですけれど，国土を安定化させるために仕事をしてきたと思います。したがって氾濫原をなくすとか，土砂がなるべく出てこないように川床を安定させるとか，いろいろ川を安定化させるようなことを基本的にやってきた。

ところが，それによって何が起きてきたかというと，扇状地部を中心に川が樹林化してきた。いわゆる普通の陸と同じような状況になってきた。また沖積地では氾濫原を減少させてきた。それがランドスケープを大きく変化させ，氾濫原に依存している生き物を減少させてしまった。また，川原に依存しているような生き物も減ってきた。このようなランドスケープの変化によって生物にも顕著な影響が出てきつつあります。

【中村】 川原にニセアカシアが増えてきたんだそうですが，ニセアカシアなどは非常に先駆植物で，たぶん生育が早いんでしょうね。

【島谷】 ニセアカシアは帰化植物ですが，生長が早いために明治期より治水や砂防事業で用いられてきたようです。

【中村】 昔，身近にあったものがなくなってきた。僕は子供のころ渡良瀬川のそばで育って，ネコヤナギなんてどこにでもあると思っていたのに，気がついたら一本もない(笑)。あれもたぶん高水敷の冠水頻度が減ったせいじゃないかな。だから樹林化し

てしまうというか，いわゆる「攪乱」をしなくなったということなのでしょうね。たぶん。

【島谷】　それが川を安定させようとしてきた結果です。氾濫の減少など良いことも多いのですけれども，一方で，川底の位置はかなり下がってしまいました。これは高度成長期において，浚渫で砂利を大量採取して建設資材として使ったということと，川の管理自体もなるべく川床を下げて流下能力を確保するということで，この二つの目的が合致して，かなり川底が下げられたんです。川の一部を下げると一部はどうしても高くなって，しかも高くなると砂が溜まりやすくなります。

【中村】　冠水したときに砂が溜まるということですか。

【島谷】　ええ。大きな石は高い所まで上らないので，溜まるときは砂だけが溜まってくる。いったん砂が溜まると木が生えて，流れが遅くなりますます砂が溜まりやすくなるということで，以前の動的平衡から違う平衡状況に川が移ってきているというのが現在の姿です。

【中村】　なるほど。なかなか難しいものですね。

　「多自然」というものが設計思想に入ってきたゆえんは，「自然」に対するものの見方が変わったということが根本的にあったと思いますが，もう一つ，自然復元の動きは住民参加と非常に密接な関係があった。

【島谷】　そうですね。

【中村】　この問題には，単なる自然観の変化ではなくて，社会学的な問題があると思います。簡単に言ってしまえば，社会が管理主義ということに対して鋭く反発するようになってきたわけです。何でもかんでも管理する，川までこんなに管理していいのか，という素朴な反発があって，大抵の場合，住民運動とくっついているでしょう。言ってみれば，今の「攪乱」という考え方も，いわば自然の管理に対する反省からそういう現象にわれわれが着目するようになった。一方，社会学的な意味での，"自己目的化した管理"という無思想に対する反省が生まれてきたということですね。

【島谷】　そうですね。

【中村】　そうすると，「攪乱」によるある種の自然の更新というようなものは，何もしないで放っておけばいいのかというと，そうでもないでしょう。攪乱して生成していくような状態を，やはりなんらかの意味で人間が意識的に管理しないといけないという矛盾した状況が多分にあると思います。そういう矛盾した価値を両立させることがどのようにして可能になるのだろうか？

【島谷】　それが今後の「技術」の課題ですね。答えはまだ出ていませんが，昔と違って低地に多く人が住むようになっている現状を考えると，両立させるための管理は必要だと思います。自然環境のことを話していますと，何年前に戻すんだという話がすぐ出るんですよ。建設省内部の私たち仲間の間では，昭和30年ごろが一つの目標になるだろうというような話がよく出てきます。いろいろと勉強していると，どうもそういうことではなくて，今言われた「攪乱」とか，そういうシステムを保全しないといけないんじゃないかという気がしています。それは例えばときどき出水を起こしてやるとか，被害がでない程度に氾濫するような場所を少し広めにとっておくとか，管理の対象が，今までの"形"というところから，"形"を決定している要因にまで少し領域が広がりつつあると思います。

【中村】　形態生成システムへさかのぼる。

【島谷】　そのためには，流量を変化させれば川の姿はどうなるのかなど，ある程度見えるようにならないといけないと思います。そうすれば，動的平衡システムをある程度満たし，治水にも支障がないような管理が可能になるのではないかと考えています。

消えゆく毛細血管型の水の風物詩

【中村】　われわれの国土の中での水のあり方についていえば，大河川・中河川は曲がりなりにも存在する。質の良し悪しは別にして。ところが，生態学的に見ても，あるいは水の文化から見ても問題なのは，人間の身体でいえば毛細血管みたいな水がだんだんなくなってきてしまった。例えば身近の小川だとか，軒下の疎水だとか，そういう座辺の水というか，毛細血管型の水がなくなってきたために，国土がかさかさと乾いたような感じになってきている。

　そういうのは，今の管理体制からいくと，おそらく河川法の川ではないような川，河川法が準用される準用河川，さらにその下の川とか……。

【島谷】　排水路とか用水路とか。

【中村】　そういうものですね。ところが，今はメダカがいなくなっちゃったという話でしょう。

【島谷】　メダカがレッドデータブックに載りましたね。

【中村】　あれにはビックリしました。メダカは，そういう"川"ともなんともいえないようなところにいるわけでしょう。

【島谷】　ええ。ほとんどが農業用水でしょうね。

【中村】　ところが農業用水といっても，実際に米を作っていないところでは誰も管理してなくて，汚れているところがいくらでもあるでしょう。

【島谷】　ええ。都市内では，昔の玉川上水とか，上水系の水道がありますね。

【中村】　最近，京都に行って気がついたけれど，大津の坂本みたいなところ。ああいうところは山裾の土地ですからメダカはいないと思うけれども，山から流れてくる水を都市の中に配分して，網の目のように流れている。ほとんどが修景的な効果をねらったものでしょうが，ああいう形の毛細血管もあります。

【編集部】　東京でも，例えば野川公園など，子供でも自由に川の中に入れるようになっているところもありますね。

【中村】　それはいわゆるハケというもので，崖の下から水が湧いている。あれはもともとは農業用水というよりも，シボリ水として出てくるもので，どこかに流さなくちゃいけないから流しているだけだけれど，それが一つの文化になっていましたね。ハケは関東地方独特のもので，非常に面白いものだと思います。

【島谷】　今回レッドデータブックに入ったホトケドジョウという魚がいまして，やはり東京でほとんどいなくなっているんですが，湧き水に依存している魚なんですよ。湧き水に依存しているものだとか，田んぼの用水に依存しているものだとか，そういうものが減っているという傾向は顕著に出ていますね。

【中村】　人間の住まいに近い豊かな水辺の文化がだんだん生活の変化につれて消えてしまった。これは，河川行政だけでは話が進まないでしょう。農林行政ももちろん関係があるし……。

【島谷】　都市計画の問題でもありますね。

標準断面主義から
地形の流れ優先主義へ

【編集部】　島谷さんは全国各地を歩いて見ていらっしゃいますが、「多自然型川づくり」に地域的な特徴や傾向はあるのでしょうか？

【島谷】　不思議にあまり差がないんですよ。結局、熱心な人がいるところがうまくいっているというのが一点と、それと政令指定都市がよくやっていますね。

【中村】　やっぱり政令指定都市ぐらいがちょうどいいんですか。

【島谷】　管理しているエリアが狭いことと、熱心な市民がいて、熱心な職員がいるというのが合わさっていると思いますが、札幌、最近は仙台も頑張っていますし、それから横浜、北九州、……。政令指定都市が元気いいですね。

【編集部】　防災という点で河川に手を加えるというのと、「多自然型川づくり」というのはどういう関係になるのでしょうか。

【島谷】　基本的には、「多自然型川づくり」の考え方は「保全」なんです。保全するときのキーポイントは、現在"いいもの"というのをちゃんと見分けることができるかどうかですね。これまでの設計方法は、最初に防災の観点から標準断面をつくって、それに対してどう環境に配慮していくのかというやり方ですから、それではいいものができないんですよ。現況の形を見て、今の形の良いところをどうやって残すか。壊すとしても、その形をなるべく同じように復元するにはどうしたらいいか、ということで、現況をベースにしながら考えていくのが基本です。

【中村】　なるほど。理論より先に現実直視。芭蕉風に言えば「川のことは川に習え」ですね。

【島谷】　治水を考える場合も、現況の保全を考えながら、流下断面などを確保するにはどうすればいいか、というものの考え方ですね。今までの環境配慮は、流下断面をまず確保して、そのうえで環境に配慮するにはどうすればいいか、というやり方で行われてきました。その二つのアプローチはものすごく違います。これは住民団体と議論しているとよくわかります。住民団体の人は「どうしてここを残せないのか」って必ず聞くんですよ。コンフリクトがあるところで聞いていると、例えば県の人は「いや、こういうところ（標準断面）から考えて、これだけ残している。ここはこういうふうにしてやろうじゃないか」というように答えている。それは全体の中から良い所を見つけて、そこをどうやって残そうかと考えるのとは全然違う。不思議なんですけれども……。

【中村】　住民側にしてみれば、標準断面という考えにどうも納得のいかないところがあるんじゃないですか。標準断面というのは流体力学から出てくる考えでしょう。

【島谷】　非常に機械的なんですよ、標準断面という考えは。

【中村】　以前に島谷さんの話で面白いと思ったのは、標準断面じゃなくて、川岸の法勾配を少しゆらすだけで、あとは放っておいても多様なビオトープができてくるという話がありましたが、僕はあれは非常に共感を覚えるんだな。少なくとも戦後の河川設計の人にはああいう考え方はないですね。

【島谷】　ないですね。今は大転換の時期といいますか、（北川の地図を広げて）例えばこういうマップを作りながら、その中でなるべく残したいところを、その川の固有性、

復元の可能性，生態的な機能などの観点から色分けをしてしまうんですよ。例えば茶色のところは早めに切ってもいいところとかいうことで。このマップでは白いところが河積を確保するためにカットしたところですが，なるべく残したいところを残しながら順番にカットしていくというアプローチですね。標準断面をつくってからというのでは，なかなか残したいところが残せない。

【中村】 なるほど。設計の手法が全然変わってしまったんですね。河川に限らず，土木でも鉄道でも路線型構造物の設計というのは，中心線をまず決めてしまう。あとは標準断面でずっと設計していくというのが基本的なものの考え方でしょう。だけどその考え方はたぶんもう成り立たない。道路も同じで，現状の地形の流れ優先主義ということでしょうね。

【島谷】 そういうことです。

【中村】 僕がそういうふうなことを最初に感じたのは，太田川をやったときです。あれは景観設計といわれている分野で，標準断面主義はとても景観設計ではとれないと思いました。そのときに考えていた手法は，立体空間設計なんです。だから場所によって断面が違うということを考えたんですが，それに似ていますね。

【島谷】 似ていますね。

【中村】 そういうものにだんだん切り換わっていくでしょうね，設計手法自身が。

【島谷】 ええ。例えばこのマップでいいますと，ここだと水位をどれぐらいに抑えたい，ここだと大体これぐらい広げないといけないというのが頭の中にありまして，どういうふうに残したいという姿を見ながら，ちょっとずつ削っていって，切りすぎたとか，水位が下がりすぎたからもうちょっと残せるんじゃないか，というようなことを試行錯誤で何度もやっていく。

【中村】 そういう場合の複雑な断面というのは，流れの計算はできるんですか。

【島谷】 できるようになってきたんですよ。一つはそういうツールが整ってきたということもあります。しかも今はかなりリアルタイムでできて，会議ではコンピューターを置いといて，ここをこういうふうに切ってくれと言えば，技術者がその場でやってくれて，「島谷さん，まだあと30cmぐらいは水位を下げてほしい」と言えば，今度は斜めに削っていきましょうとか，リアルタイムでやりながらそういう計画を実際に立てています。

【中村】 試行錯誤の方法論ですね。

不均質なもののエンジニアリング

【島谷】 徐々に治水と環境というのが一体化して，同じ設計論の中で設計されるようになってきましたが，その場合は，では何に価値があって，何に価値がないかという見極めがとても重要になってきます。それともう一つは，自然のものは，もとの形に戻っていくとき，どういうプロセスで戻ったり変わったりするか。計画のとおりには絶対維持できないから，維持できないことを前提に，いろんなことを考えておかないといけない。そういう意味での想像力というものが不可欠になってきますし，今までの工学と違うんですよ。

【中村】 全然違いますね。道路は線形のロケーションというのをやりますから，中心線はなるべく柔軟にやっておいて，あとは標準断面を入れて，それがまずければラウンディングしたり，すりつけるというやり方でやっていくんだけれども，やっぱりそれだと限界がありますね。場所によって地

形の持っている不均質な状態もある。

【島谷】　どのようにしているんですか。

【中村】　そういう不均質なものを取り入れながら法面を設計していくというやり方から言うと、やはり非常に無理があって、結びつかなくなってしまうことがある。そういう点では川と似たところがあります。だから路線型の土木施設の設計思想が非常に変わってくるということでしょうね。

【島谷】　たぶん解がいくつもあるというところがものすごく違うんだと思うんです。そこが住民の合意形成が必要なところの一つだと思いますが、どうしてもそこに価値をつけていかざるを得ない。今までの断面というのは、ある意味で価値がどこの場所も統一されている。私たちがやろうとしていることは何か違うんですよ、自分が習ってきた学問と(笑)。

【中村】　それは技術的に違うことはもちろんですけれども、やはり一種のフィロソフィーがあって、われわれは均質な空間をつくるに熱心だったと思うんですね。いわゆるモダニズムといわれている時代の一つの特徴だと思いますが、均質にものをつくるという考え方がどこかにあって、その考えが有効な部分はもちろんありますが、その考えをあまり適当でないところまで適用してきたということはあるんじゃないかな。例えば、道路・交通というのは全国的なシステムで動いているわけですから、車線の幅とか建築限界とか、そういう規格はあまりころころ変わったら困る。その点では均質という設計思想は正しいと思うけれども、問題は、風土や社会とコンタクトするときはそうはいかないことです。それが一番先鋭的に出ているのは、やっぱり川なんだと思います。川の専門家が方法として国土史学を重視するのは理にかなっていると思います。

【島谷】　そうでしょうね。治水でも最近そういう話がけっこうありまして、要するに今まで河川というのは、何やかんや言いながら不均一につくってきているんですよ。だから田んぼのところでは、人がたくさん住んでいるところよりも相対的に安全度が低いような設計に結果的になっているところがほとんどです。それを全部均一に、今までのような設計論で、近代技術論でつくっていくと、どうしても用地買収が難しい都市部とか人が住んでいるところのほうが、結果的に安全度が低くなってしまう可能性がある。

【中村】　そうですね。

【島谷】　そうすると、未曾有の洪水みたいなものが起きたときには、今までは田んぼに氾濫していたのが、人が一番住んでいる危険なところで氾濫するということが起きる。均一にしようとしたために、逆に危険性が増すというような場合もある。それを今後どう考えていくかということが、僕らの課題じゃないかと思いますね。

【中村】　近代主義の時代は、均質の持つ説明可能性に価値があるとなんとなく思っていたのが、不均質な現象の豊かさをどういうふうにエンジニアリングで扱うか、そのほうが先端的だというふうに、だんだん設計思想が変わってきたようですね。

【島谷】　そうかもしれないですね。

【中村】　だから、あなたのやっているような学問が一つの契機になって、エンジニア自身の価値観が変わってくる。価値観が変わってくるというのは美意識が変わってくるということですから、そういう不均質な空間のほうが美しく見えてくるということ

でしょう。不均質な空間，時間的な攪乱とかそういうようなことを意識しなきゃいけない時代になってきた。そういう先端的な設計思想が川から出てきて，おそらくそれは道路に波及すると思います。今まではどちらかというと均質，連続，効率という先端設計思想は高速道路から出てきた時代だったけれども，時代の風が変わってきた。いずれ道路だって基本的には自然と社会の不均質性と予測不可能性を取り入れざるを得なくなるんじゃないでしょうか。

【島谷】　土木研究所の中でヒアリングがあって，ニセアカシア（ハリエンジュ）が外来種だから，自然環境を守るために，木を伐ろうじゃないかということを多摩川で考えているという話をしました。今まで緑というのは自然の象徴だったわけですね。だけどニセアカシアのような緑があることによって，ある意味では本来の"自然"がなくなってきているというようなことがだいぶわかってきた。前から景観の分野の中では，川には川本来の活動があって，わざわざスポーツ行為を行う必要はないと言われていますが，そういうのと同じことで，川に本来生きる生き物が生きられる場を保全しよう，そういう川の固有性だとか地域の固有性という論理が非常に強くなってきているような気がします。

【中村】　やはり人間には，いわゆる安定した秩序，時空間的な秩序は必要なんだけれども，一方では，どこかにカオティックな生成的動機というか歴史の動態がないと，人間って生きられない。生命と環境の葛藤史はどこまでも続くのでしょう。

[付録-1] 自然に関する用語の定義

	保 護	保 全	保 存
『生態の辞典（新装版）』沼田真編，東京大学出版会，1993年	手つかずに残していくこと	広義の自然ないし人間・自然系の多様性，安全性をできるだけ損なわずに，かつ開発などの人間社会のための利用を図ることをさす。	なし
『生態学事典』沼田真編，築地書館，1974年	自然保護：nature protection (conservation)。保全と同じ意味に使うこともあるが，狭義では保全とは異なり，自然を人為などの外圧から守ること。1500年代末期にスイスの画家たちによって提唱された。郷土保護から発展して，現在では人間の持続的な保存環境としての自然の保護まで含まれている。日本では1960年代になってやっと一般に理解され始めたが，歴史が浅く様々な考えが提唱されている。	conservation. 自然・資源・環境等をよりよい状態に保つことをnature protectionと同義に用いられているが，同じ日本語のあてられるprotectionとは異なる。自然・資源を合理的に上手に利用することという定義もある。	保護しようとする現在の自然・生物集団を，そのままの形で保存すること。reservationとほぼ同義。preservation.
『広辞苑（第四版）』新村出編　岩波書店，1991年	気をつけて守ること。かばうこと。	保護して安全にすること。	そのままの状態を保って失わないこと。現状のままに維持すること。
『国語大辞典（新装版）』小学館，1990年	危険などから弱いものを助け守ること。かばうこと。ほうご。庇護。	保護して安全であるようにすること。	そのままの状態で保っておくこと。現状のままに維持すること。
『和英英和・国際環境科学用語』環境庁地球環境部監修，1995年	環境保護：environmental protection.	環境保全：environmental conservation. environmental preservation. environmental protection.	conservation. preservation. protection.
『実務者のための建設環境技術』竹林征三，山海堂，1995年	物や場の全体の生態系の保護を重点に置くもので，これに加わるいっさいの人為的営力を排除しようというもの(Protection)。	将来の世代のニーズ願望を満たす潜在的能力を維持するため，生態系容量の範囲内における現代の世代に最大の持続的な便益をもたらすような，人間の生物圏の利用と管理の概念(Conservation)。	物や場の維持状態を最重点に置くもので，これを変えようとする人為的および自然的営力を排除しようとする概念(Preservation, Reservation)。

(土木研究所資料「中小河川改修と河川の自然環境」より)

回 復	復 元	再 生	創 造	ミチゲーション
なし	なし	なし	なし	なし
なし	なし	regeneration. 生態系または群落・群集の一部が，なんらかの理由で失われたとき，失われたものと同じか，またはほとんど同じものがつくられて，欠けた部分を補う現象。更新。	なし	なし
一度失ったものを取り戻すこと。元のとおりになること。	元にかえすこと。元の位置や形態に戻すこと。	死にかかったものが生き返ること。蘇生，復活，再びこの世に生まれること。	新たにつくること。新しいものをつくり始めること。	なし
望ましくない状態になったものを元の状態に戻すこと。または元の状態に戻ること。失ったものを再び取り戻すこと。	元にかえすこと。元の位置や状態に戻すこと。	死にかかったものが生き返ること。蘇生，復活，再びこの世に生まれること。	新しいものを自分の考えや技術などで初めてつくりだすこと。	なし
なし	restration.	regeneration. renassence.	なし	mitigation. 開発行為による水域環境の悪化を未然に防ぎ，悪化した環境を修復・改善し，調和を図っていくための概念である。
環境条件から見て近過去に破壊ないし消滅し，現在その姿が見えない自然の物や場が，人間の手を加えなければ現れるであろう，もともとの潜在的な復元力を活かして回復を図る概念である。再生 (regeneration) の概念とも類似する概念であるが，もともと潜在復元力を活かすことに重点をおいた概念である。(Restration)	人為によりつくられた事物が，なんらかの原因により消失した後，人為により形のあるものと事物を再現する行為である。再現させるものは生物以外の場や生物を主体とした概念である (Reconstruction)。	自然営力や人為営力によって起きた大規模な地形改変や自然生態系の変化の後に，いわば壊滅消滅した生物を人為的によみがえらせるところに力点をおいた概念である。その人為的行為の方法として，似かよった物や場から移入や違う場所に同じものをつくり代替させる概念 (regeneration)。	もともと，好ましい自然生態系などの環境が存在しない所に人為を加えることにより，自然生態系をつくりだしプラスになるようにしようとする概念である。人為行為により物と合ったなんらかの自然生態系等の環境がマイナスの影響を受ける。それを軽減し，できるだけゼロに近づけようとする。Mitigationの概念をさらに発展させたもの (creation)。	開発に伴う自然生態系など環境への被害を極力減少 (reduce)させ，損なった環境を修復 (repare)し，それらが不十分な場合には，その場所または他の場所に新しい環境を再生 (regeneration)し，もしくは元の場所に戻し (replace)，トータルとして見た環境への影響を最小限にしていこうとする概念である。

[付録-2] 本書で用いた河川の断面の名称

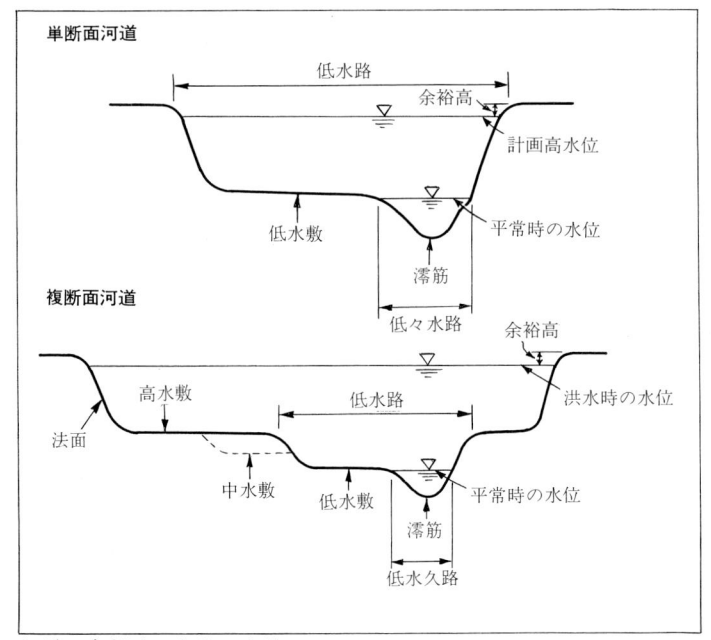

単断面河道

- 低水路
- 余裕高
- 計画高水位
- 低水敷
- 澪筋
- 平常時の水位

複断面河道

- 高水敷
- 法面
- 中水敷
- 低水敷
- 低水路
- 澪筋
- 低水々路
- 低々水路
- 余裕高
- 洪水時の水位
- 平常時の水位

河道の各部分の名称の定義

著者

島谷 幸宏（しまたに ゆきひろ）
1955年 山口県生まれ
1980年 九州大学大学院工学研究科修士課程修了
建設省入省後，1982年より建設省土木研究所にて河川の研究に携わる。建設省土木研究所河川環境研究室長を経て，現在，国土交通省九州地方整備局武雄工事事務所長
博士（工学）
主な著書：『水辺空間の魅力と創造』鹿島出版会刊（共著，土木学会著作賞受賞），『河川風景デザイン』山海堂刊など

写真家

信原　修（のぶはら おさむ）
1949年 大分県生まれ
1969年 東京写真専門学校卒業
写真家助手，編集プロダクション勤務を経て，1976年にフリーのカメラマンとして独立。現在，河川や庭園を中心に自然を撮影している。また「自然との対話」シリーズの写真を発表している

企画・編集協力
財団法人リバーフロント整備センター
プラス・エム株式会社『FRONT』編集部

ブックデザイン＋DTP
道吉デザイン研究室

河川環境の保全と復元　多自然型川づくりの実際

2000年4月10日　第1刷発行©
2003年5月20日　第3刷発行

著　者　　島　谷　幸　宏
写　真　　信　原　　　修
発行者　　新　井　欣　弥

発行所　　107-8345 東京都港区　　鹿島出版会
　　　　　赤坂六丁目5番13号
　　　　　Tel 03 (5561) 2550　振替 00160-2-180883
無断転載を禁じます。

落丁・乱丁本はお取替えいたします。　壮光舎印刷・アトラス製本
ISBN4-306-02335-4　C3052　　Printed in Japan

本書の内容に関するご意見・ご感想は下記までお寄せください。
URL: http://www.kajima-publishing.co.jp
E-mail: info@kajima-publishing.co.jp

明日を築く知性と技術 ● 鹿島出版会の都市・土木計画関連書

地下都市は可能か	平井堯 編著	A5・192頁 2,300円
大深度地下開発と地下環境	陶野郁雄 著	A5・248頁 3,400円
ロックエンジニアリングと地下空間	川本眺万 監修	B5・180頁 7,200円
都市域の雨水流出とその抑制	市川新・C.マキシモヴィッチ 共編	A5・350頁 5,800円
都市の地下空間 開発利用の技術と制度	松尾稔・林良嗣 編著	A5・216頁 3,800円
環境アセスメントの実務	鹿島建設 編	A5・272頁 3,600円
水辺空間の魅力と創造	松浦茂樹・島谷幸宏 共著	A5・218頁 3,200円
川の個性 河相形成のしくみ	須賀堯三 著	A5・200頁 4,200円
水資源のソフトサイエンス	千賀裕太郎 著	A5・192頁 2,900円
都市交通のパースペクティブ	大西隆 著	四六・228頁 2,500円
空港整備と環境づくり ミュンヘン新空港の歩み	林良嗣・田村亨・屋井鉄雄 共著	A5・142頁 3,800円
浮体式海上空港 巨大プロジェクトへの挑戦	マリンフロート推進機構 編	A5・208頁 3,300円
マリーナの計画	染谷昭夫・藤森泰明・森繁泉 共著	B5・232頁 4,800円
沿岸域計画の視点	染谷昭夫 著	四六・264頁 2,800円
連合都市圏の計画学 ニュータウン計画と広域連携	高橋賢一 著	A5・260頁 3,600円
景観工学	石井一郎・元田良孝 共著	A5・240頁 3,200円

〒107-8345 東京都港区赤坂六丁目5-13 ● ☎03-5561-2551（営業部）

※価格には消費税は含まれておりません。